60年代 街角で見たクルマたち

Japanese And Rare Cars You Could See In The City Streets Of The 1960s.

【日本車・珍車編】 浅井貞彦 著 高島鎮雄 監修

浅井貞彦写真集

Sadahiko Asai Shizuo Takashima

MIKI PRESS
三樹書房

< 試作車 >

1961　スバル スポーツ（ショーモデル）
オーストラリア・モービルガス・ラリーで1957年「トヨペット・クラウン」が完走、外国賞で3位、1958年「ダットサン 210」がクラス優勝の実績を挙げ、翌1959年には国内でも「第1回日本アルペン・ラリー」が開催されるなど、モーター・スポーツへの関心が高まっていたから、速さを競う「スポーツカー」は憧れの対象となっていた。そんな雰囲気の中で開催されたショーは各社ともスポーツ志向が高く、「フェアレディ 1500」「スカイライン・スポーツ」などの「プロトタイプ」をはじめ、「トヨタ・スポーツX」「スバルスポーツ」「スズライトスポーツ 360」など発売予定のない「ショーモデル」まで展示された。（1961年11月　晴海・第8回全日本自動車ショーにて）

1961　スズライトスポーツ 360（ショーモデル）
「スズキ」は「ホンダ」「ヤマハ」とともに浜松で誕生した日本を代表するバイク・メーカーだが4輪を手掛けたのは一番早い。1954年当時社長だった鈴木道雄氏の強い願望で、僅か5人のスタッフで「4輪研究室」を作り欧州の小型車を購入し「ロイト」を手本に選んだ。完成した「スズライト」は1955年に「型式認定」を受けている。写真の車はリアエンジンのスポーツモデルで、リア・ウインドーが逆傾斜（クリフカット）となっているのが斬新だった。（1961年11月　晴海・第8回全日本自動車ショーにて）

＜レーシングカー＞

1966　日野 GT プロトタイプ

元々大型車メーカーだった「日野」は、戦後いち早くルノーと提携を結び 4CV の生産で技術を磨き、その後、「コンテッサ」を造るに至った。これをベースに黎明期にレース活動をしていたのが「デル・コンテッサ」の「塩沢商工」で、その後、「デル・レーシング・モーター」と名を変えてこの車を造った。プロトタイプは 1965 年の東京モーターショーで発表され話題を呼び、1966 年 8 月 14 日、実戦にデビューした。4 気筒 1.3 リッター DOHC エンジンをミッドシップに積んだ鋼管スペースフレームの本格的なレーシングカーだ。レースの結果は 2 リッターの「ポルシェ・カレラ 6」、4.7 リッターの「デイトナ・コブラ」に次いで堂々総合 3 位に入賞している。(1966 年 11 月　晴海・第 13 回東京モーターショーにて)

1968　マクランサ TⅢ

「マクランサカーズ」をつくったのは京都の「林穂」氏で、後年「童夢」をつくった「林みのる」氏と同一人物である。同志社中学で同級生だった鮒子田寛氏（ホンダ・ファクトリー・レーサー）繋がりで、レーシングドライバーとして頭角をあらわしていた浮谷東次郎氏と親交を持ち、1965年、彼のホンダS600に空力の優れた特製ボディを載せたのが第1号で、ダントツに速く真っ黒な姿から「カラス」と呼ばれた。1967年に「マクランサカーズ」を設立。「TⅠ」はカラスのレプリカ、「TⅡ」はカラスのオープン版だったが、「TⅢ」のボディは完全に一から造られたFRP製で、キットで売られ「ホンダS800」のシャシーに載せる純レーサーだった。

（1968年3月　晴海・第1回東京レーシングカー・ショーにて）

正体不明のＦＪカー

この車については「RACING MATE」「ROUTE 246」「MOCHIZUKI MOTOR' S」「F-4」の4つの文字しか手掛かりがない。ショーに展示された際の雑誌記事にも見当たらないし、インターネットで検索してもヒットしない。「レーシング・メイト」は1965年式場壮吉、石津祐介、杉江博愛の3氏が立ち上げたカーアクセサリーのブランドで「四つ葉のクローバー」のシンボルマークは大人気だったが、車まで造っていたという確証はない。手がかりになりそうなのは「MOCHIZUKI MOTORS（モチヅキモータース）」だが、書いてある場所から見てもスポンサーらしく無いとすれば、この車を造った可能性は高い。ただ1970年前後のレースの結果を調べたが、モチヅキモータースは確認出来なかった。

（1969年2月　晴海・第2回東京レーシングカー・ショーにて）

1969　アローベレットF-2 MK Ⅲ

ファクトリーもプライベート・チームも各社の生産車をベースにレースの出来る車造りが盛んだった。いすゞからはベレットが選ばれた。1967年5月に開催された第4回日本グランプリの際行われた「フォーミュラカー・レース」で浅岡重輝氏が3位となった車はアローベレットF-2 MKⅡで、その時の車のシャシーは「ブラバムT16」、エンジンはベレットの「G-161W」（1584cc）と言われるが、写真の車は「MK Ⅲ」となっているのでその進化型と思われる。写真の車については情報が全くないので詳細は不明だ。（1969年2月　晴海・第2回東京レーシングカー・ショーにて）

1969　カムイ（神威）

「カムイ」は本田宗一郎氏の長男・本田博俊氏が一人で造ったレーシングカー。1942年生まれの博俊氏は高校生時代に父親を介して浮谷東次郎氏と友人となっており、日本大学芸術学部で工業デザイナーを志していたから、1965年林みのる氏が浮谷東次郎氏の「ホンダS800」を改造した際、本田博俊氏のアドバイスで「つや消しの黒」としたのが大うけで「カラス」が誕生したという。「本田博俊」＝「無限」のイメージが強いが、「無限」を設立したのは5年後の1973年の事で、1969年に発表されたこの車が造られたころは20代の青年だった。ベースは「ホンダS800」で、空気抵抗の少ないFRP製のボディを持っていた。シャシーは大改造され、エンジンは200mm後方に下げ、RSC(HRCの前身でホンダのファクトリー)チューン直4DOHC 850cc 100hp 最高速度は230km/hと伝えられていた。(1969年2月　晴海・第2回東京レーシングカー・ショーにて)

1969　スズキ板金 72-A
予備知識なしで「スズキ板金」が造った車と聞いたら、たぶん町工場が手たたきで造った不格好な車を想像するだろう。実はこの会社はイタリアの「ザガート」のような「カロッツェリア・スズキ・バンキン」なのだ。創立者は鈴木義雄氏で、1958年に「鈴木板金」を設立、1963年からは「いすゞ」と取引を開始しプレス部品を納入していた。そんな縁から、「72-A」のエンジンは「ベレット1600GTR」と同じものを搭載している。「72-A」は1970年から1971年にかけて活躍、確認された実績としては1971年1月、鈴鹿300キロレースで日産ファクトリーに対抗しうる唯一の車と期待されたが、前日の練習走行でクラッシュ、車が完全でなく途中リタイアに終っている。(1969年2月　晴海・第2回東京レーシングカー・ショーにて)

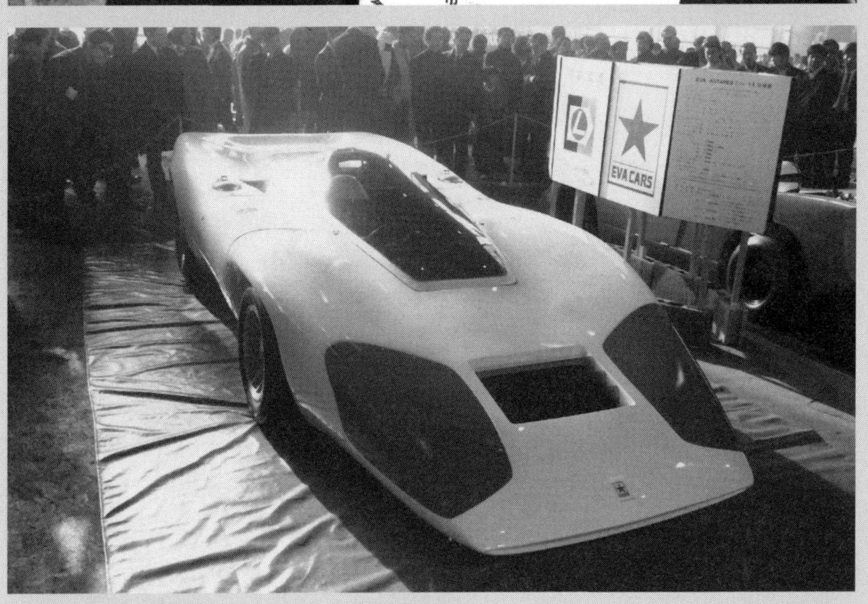

1969　エヴァ・アンタレス タイプ1A
日本にもレーシングカーを少数生産して市販する組織が誕生した。1968年9月に発足した「エヴァ・カーズ」がそれで、デザイナー林みのる氏、三村建治氏（後年、マキF1オーナー）の他メカニック2名のチームだった。「タイプ1A」は1969年6月から発売予定で、自社製のシャシーにフェアレディ2000のエンジンをミッドシップに搭載した本格派だった。キットは4種あり、ボディのみの165万円から完成品の285万円まであった。(1969年2月　晴海・第2回東京レーシングカー・ショーにて)

1969　エヴァ・CAN-AM タイプ2A
流れるような曲線を見せるこの車も「エヴァ・カーズ」の作品で三村建治氏がデザインした。この車は普通の軽自動車「ホンダN360」の部品を多用しており、低価格でレースを楽しめるのもタイプ2A制作の目的のひとつだった。ミッドシップに置かれるエンジンは空冷2気筒SOHC 354ccのN360のもので、ギアボックスもそのまま使われており、最高速度は170km/hが可能だった。この車でより強力な走りを求める人のために「ホンダ1300」のエンジンの搭載も可能とされていた。Aキットは未組み立てのボディ・パネルで19万5千円、Bキットは完成ボディで24万5千円、Cキットはタイヤを除く完成品で57万5千円だったから、レースは高嶺の花と諦めていた若手にとっても手の届く価格だった。4月から月産10台で発売予定だったが、写真の車はこの時すでに12台が売約済みだった。(1969年2月　晴海・第2回東京レーシングカー・ショーにて)

1970　エヴァ・CAN-AM 2AT

この車についての情報は少ない。キットの形で販売されていたが、ほぼ完成したものがタイヤ・レスで売られたのは、部品として売る事で税金を低く抑える工夫だろう。
(1970年3月　晴海・第3回東京レーシングカー・ショーにて)

1969　エヴァ・CAN-AM 2BS

「CAN-AM 2BS」は軽自動車をベースとした「エヴァ・カーズ」の中では、1号「アンタレス1A」の2000ccに次いで大きい「ホンダ1300」の1300ccエンジンを搭載していた。エンジンだけでなくパワーユニットもそっくり流用された。ボディは基本的には「エヴァ・カンナム」と共通だが、力を付けたこのシリーズは踏ん張るため前後のトレッドを広げ、それをカバーするためフェンダーには大きな張り出しを付け迫力を増した。ボディの基本形は変わらないからいかにも後付け感が強い。1298ccのエンジンはRSCのチューンで140~150hpまで強化されていた。レースの実績では1969年の日本グランプリのメインレースで完走18位となっている。排気量に関係ない混合レースで、上位には「ニッサンR382」「トヨタ7」「ポルシェ908／910／917」「ロータス47GT」「フェアレディ2000」「いすゞR7」など排気量の大きいファクトリーチームが並んでいた。(1970年3月　晴海・第3回東京レーシングカー・ショーにて)

1970　エヴァ・タイプ3A FJ

「エヴァ・カーズ」が次に送り出した「タイプ3シリーズ」は、主流の軽自動車ベースではあるが、全く別のジャンル「フォーミュラ」タイプを狙ったものだ。1970年からJAF国内競技規定にフォーミュラ・ジュニア部門が設けられたため一気に「FJ」が注目され、この車も5月の「JAFグランプリ」を目指して発売された。狙いは大当たりで決勝レースに5台出走していた。驚くのはその開発スピードで、1月中旬にスタートし3日で基本設計が出来ると、約1ヵ月後の2月中旬には第1号のフレーム、ボディが完成、その2週間後にはチューンアップを終えたホンダN600エンジンを載せて3月6日のショーに間に合わせた。シャシーは小野昌朗氏、ボディは三村建治氏が担当した。価格は基本キット(N360からの転用部品なし)45万円、Bキット(エンジンタイヤなし)75万円、完成車120万円だった。(1970年3月　晴海・第3回東京レーシングカー・ショーにて)

1970　オトキチ・スペシャル・2シーター

「オトキチ」と聞いて2輪マニアの集団「オトキチ・クラブ」を連想する方はかなりの年齢だろう。僕もこの車を知った時は2輪を卒業した「オトキチ・クラブ」が造った車かと思った。しかし車とクラブとは関係ない。が、全く関わりがない訳でもない。この車を造った「堀雄登（ほりゆたか）」氏は若い頃、2輪ライダーとして活躍し50cc、90cc、125ccのチャンピオンとなっている。その後、名前を1字増やして「雄登吉（おときち）」と改名、「東京オトキチ・クラブ」の会長も務められたそうだ。いつ改名したのかは不明だが、「オトキチ・クラブ」の名は堀氏が加入する以前からあった。「1969年4輪レース」に出るため建材用の鉄パイプで造ったシャシーに「スズキ・フロンテ360」のエンジンを載せた2シーター・オープンカーが完成した。ボディの横に書かれた「M.Inoue」の名前を頼りに戦績を探したら、1969年富士スピードウェイで「井上正夫」オトキチ・SPLがあり、予選3位、決勝4位だった。因みに3位は同じSPLの「ホリオトキチ」だった。(1970年3月　晴海・第3回東京レーシングカー・ショーにて)

1970　オトキチ・スペシャルFJ

この車も1970年の新ルールによる「FJ」レースに向けて用意された1台で、自製のシャシーのスプリングとダンパー、前後のブレーキはフロンテから流用された。当初は有利な2ストロークのフロンテのエンジンを予定していたが、冷却やボアアップの限界などからホンダのN 600に変更され、エンジンは「ヨシムラ」でチューンされた。デビュー戦は1970年「JAFグランプリ」で同時開催された、日本初の「フォーミュラ・ジュニア・レース」で、ファクトリーチームをしり目にダントツで優勝してしまった。(1970年3月　晴海・第3回東京レーシングカー・ショーにて)

（序文）

クルマ・カメラ・海外イベント

趣味の世界・継続は力なり

自動車に関する「趣味」を思いつくままに列記した。「車を買う」「何台も集める」「各種運転免許をとる」「運転する」「レースに出る」「自分でデザインする」「自分で作る」「修理する」「写真を撮る」「絵を描く」「モデルカーを造る」「モデルカーを集める」「車に関する本・カタログ・切手などを集める」「ヒストリーを調べる」「仲間と語り合う」「乗せて貰ってドライブする」「ただ見ているだけで楽しい」と様々だ。あなたはどれだろう？　僕はこの中では「写真を撮る」に当て嵌（は）まる人間だ。「カメラ」と「自動車の写真」は60年以上続いている趣味だが、どちらが欠けても成り立たない。と言ってもカメラは自動車の写真を撮るのが主たる目的で、自動車には自信のある僕も、孫の写真を撮ればいまだに家内の方が上手だ。

僕の自動車写真の第１号は、『60年代街角で見たクルマたち【アメリカ車編】』のポンティアックの項で書いたように、中学２年の1948年に、当時住んでいた静岡市内でおもちゃのカメラで撮った最新型の進駐軍の車で、それが「ハッキリ」「クッキリ」写ってしまった事から始まった。そのあとも暫くはおもちゃのカメラで自動車や機関車などを撮って歩いたが、記憶に残るほどハッキリ撮れたものは１枚も無かったから、あの１枚は本当に偶然の産物であったとしか言いようが無い。

初めてとった自動車の写真（1948年ポンティアック）

カメラのこと

僕のカメラ遍歴の最初は1952年の「キヤノンⅢ型」セレナーF1.9／50ミリがスタートで、いわゆる「ライカ・タイプ」だった。次がドイツ・ツァイス製の「コンタックスⅡa」ゾナーF２／50ミリで、こちらの方が本家なのに説明する時は「ニコン・タイプ」と言うと判ってもらえる。当時としては最高級機で確か10万円位だったから、ほぼ年収に相当した。50年経った今でも良い物は中古価格で10万円はするらしい。1957年に日本初の一眼レフ「アサヒペンタックスAP」タクマーF２／58ミリが発売されると、直接レンズの画像確認が出来るところが僕の性分にぴったりですぐに飛びついた。勿論シャッターも絞りもピントも全て「手動式」で、予定の絞りを一旦開放に戻してピント合わせをするためプリセット絞りというリング付きレンズだった。このカメラを使い始めて10年近く経った1966年のある日、神田明神の近くに停まっているベンツの「230SL」を見つけたが、この日に限って生憎（あいにく）カメラを持っていなかった。そこで近くの神保町のディスカウント・ショップに飛び込んで購入したのが２台目「アサヒペンタックスSV」タクマーF1.4／50ミリだった。この間に何本か交換レンズを揃えたが、その後レンズ・マウントが変更され、つぎの新型には使えなくなってしまっ

たので、次の買い替えの時は小型軽量の「オリンパスOM－1」を選んだ。オリンパスはそれまでにサブカメラとしてレンズ・シャッターつきの「オリンパス・ワイド」や「ワイド・スーパー」を使って気に入っていたせいもある。又フィルム節約のためハーフサイズの「オリンパスF」も使ったが、これはハーフサイズで唯一レンズ交換の出来る優れものだった。写真集で使った写真はここまでのカメラで撮ったものだ。そのあと「ミノルタ α7700i」「ミノルタ α707」と続き、その後は「キヤノンEOS 3」にキヤノン・ズームF2.8／17～35ミリを常用し、他に28～135ミリと100～400ミリのズーム・レンズがある。サブカメラはポケットにはいる「ヤシカ・コンタックス」から「ミノルタTC－1」に乗り換えた。

続・カメラのこと

昭和20年代に持っていたカメラに「コーナン－16」という面白いのがあった。16ミリ幅のフィルムをマガジンに詰めて使う、当時としては超小型カメラでスパイ・カメラのミノックスと同類だ。大きさはタバコの箱くらいで外観は金色だった。引き出しを引き抜くとセットされる仕組みで、確か甲南製作所と言う神戸のメーカーだったと記憶しているが、後年これが「ミノルタ－16」となったので、いまでも新宿のコニカ・ミノルタのショールームにあるはずだ。同じ頃16ミリ・フィルムを使う玩具のようなカメラに「グッチ」という名前があったので、後年ブランドのバッグをはじめて見た時はその名前のせいで「高級」のイメージがなかなか浮かばなかった。そのころは戦前から使用されていた「ベスト判」と呼ばれる裏紙つきのフィルムが、まだ販売されていた。実際には「ベスト半裁」（３×４cm）として使われ、友達がもっていた「ゲルト」というカメラも使ったことがある。又、大判に憧れて「スピグラ」や「マミヤ・プレス」も買ってみたが機動性に欠け出番は少なかった。今でも一応現役に入っている「アサヒペンタックス645」も同様で、仕上がりは素晴らしいのだが、メインカメラが大きく重くなった昨今は、海外へのお供はほとんど無い。最後の変わり種は日本光学の水中カメラ「ニコノス」だが、これは20代の頃、凝っていたスキーのときに、首から提げていたもので、「頑丈」「防水」は用途にピッタリだった。

デジタル・カメラのこと

2006年頃は「キヤノンEOS3」を使っていたが、その後メインカメラを同じキヤノンのフルサイズ・デジタル・カメラ「EOS5D」に変更した。手持ちのレンズをそのまま使えることが最大の理由だった。デジタルのフルサイズは普通サイズに較べればフィルム・カメラの「6×45」や「6×9」などに相当する解像力があり、ホワイトバランス機能のお陰で色温度変換フィルターも不要、仕上げも自分で調整しながらプリント可能と、全てに満足している。サブカメラは「キヤノン　パワーショットG11」をポケットに入れている。

2013年には5DMkⅢに代えたが、軽量化を図って2019年からはミラーレスのEOS RPと併用している。アダプターでレンズが兼用できるが、それが結構重く、結局専用レンズを購入した。

海外旅行のこと

僕が初めて海外の自動車イベント見物に行ったのは続けて休みが取れるようになった1994年の事で、車の雑誌で見た大手旅行会社の「ミッレ・ミリア」ツアーに参加した。1日目（ミラノ市内観光・契約免税店へ）―2日目（午前中ブレシアで車検を約2時間見る）―（夜ベローナのチェックポイントで通過車両を見る。暗闇に光るライトばかりで車は横を通り過ぎる一瞬しか見えない）―3日目（山の中の小高いレストランで昼食。終日車と無縁）―（夕方ローマの手前の山中で1時間ほど通過車両を見る）―4日目（ホテルから空港へ直行）というスケジュールからも判るように車を良く見ることが出来たのはブレシアの2時間だけで、車好きには大変不満の残るものだった。しかし、初めて来たイタリアの街で、車検場へ向かう車が次々と角を曲がってやって来るのを見た時は、写真でしか見たことの無いクラシックカーにすっかり興奮した。この時のエピソードをひとつ。ローマから来たバスの運転手さんがブレシアの街で道に迷った。道を尋ねようと停めたところが駐車禁止で、そこへパトカーのお巡りさんがやって来たのでみんな“まずい！”と思ったところ、なんと、事情を聞いて“俺について来い”とパトカーで先導して車検場のすぐ手前まで連れて行ってくれた。流石（さすが）イタリアとみんな感激したが、この時期は街中が「ミッレ・ミリア」最優先の感じだ。蛇足ながら今でも時期が来るとこの旅行社からDMが送られて来るが、その後はもう利用していない。

ミッレ・ミリア・2

2回目以降は、カーマニア集団が少人数で徹底的に「くるま漬け」になる超ハード・スケジュールのツアーに参加している。到着日（ミラノ空港着、トリノでアルファロメオ・ミュージアムを見学し、スタート地点のブレシアに泊る）―2日目（9時には車検開始前のビットリア広場に到着、テントでグッズ購入、そのあとは車検場付近や、街中の広場、道路に停まっている参加車などを丹念に見て回り、夜まで時間を過ごす）―（スタートは夜8時15分からなので約1キロ離れたベネチア通りへ移動し、10時頃まで見てブレシアを後にし、今夜の宿泊地サンマリノへ向う。午前2時ホテル着）―3日目（我々はレース参加車より先行しているのでサンマリノの各自お好みのポイントで車の到着を待つ。300番台のフェラーリなどが来ればそろそろ出発で、高速道路を使って先回りする）―（途中でサン・セポルクロというちっぽけな町でわらのシケインがあるチェックポイントに1時間ほど立ち寄る）―（そのあと再び高速道路で時間を稼ぎ途中からは参加車に混じっ

フータ峠にて（イタリア）

て同じ道をアッシジに向かい、そこで通過車を見送ってから今夜の宿、トスカーナ州のサン・ジミニアーノに向かう）―3日目（参加車はずっと南のローマから来るためフィレンツェでしばしの自由行動）―（フータ峠に先回りして通過を待つ。ここはコース中の難所で見物場所としては有名なポイント）―（最後はスタートと同じブレシアのベネチア通りでゴールする車を迎える。遅くまで残って暗闇を1人でホテルまで歩いて帰ったが一寸怖かった）。以上は2001年のスケジュールで、3日目にモナコまで行った年は2日続きでホテル入りが午前2時を廻っていたから、よっぽど車好きで、体が丈夫でなければ、2度と行きたくないと思うかも知れない。僕は別だけど……。

カリフォルニア

豊かな国アメリカでは世界中のクラシックカーを見ることが出来る。だから8月にカリフォルニア州のモンテレー周辺でまとめて開催される3大イベントは、カーマニアにとっては夢のような週末だ。レース好きには金・土・日の3日間ラグナ・セカで開かれる「モンテレー・ヒストリック・オートモビル・レース」がお勧めで、1910年代から70年代までのスポーツカーやレーシングカーの爆音を身近に体感し、疾走する勇姿を目の当たりにする事が出来、パドックではそれらを間近にじっくりと見る事も出来る。土曜日にはイタリア車ばかりを集めた「コンコルソ・イタリアーノ」がゴルフ場の一部を使って開かれる。スーパーカー・ブームの時の主役ランボルギーニの一族はいうに及ばず、日本では見ることの出来なかったビッザリーニなども事も無げに並んでいる。フェラーリに至ってはアメリカが最大のお得意さんであることを証明するかのように、うんざりするほど会場を埋め尽くしている。しかしその中には見落とす事の出来ない珠玉のクラシックモデルも混じっているから、イタリア車好きには必見のイベントだ。3つ目は日曜日にペブルビーチの名門ゴルフ・クラブ「ザ・ロッジ」で開催される「ペブルビーチ・コンクール・デレガンス」で、全米一の格式を誇るといわれているだけあって、由緒正しきクラシックカーが多数参加する。審査は厳格で世界的に名を知られるこの道の権威が厳正に行なうが、車の状態は「新車当時より綺麗」ともいわれ、朝早くに行った時、歯ブラシと爪楊枝でスポークを磨いていたのを見た。いわゆるアメリカ式のオーバー・レストアで光り物が目立つものもあるが、写真を撮る立場からすると、仕上がりが綺麗で有難い。この近辺には「ブラックホーク・コレクション」の展示即売や、「クリスティーズ」のオークションのための車を展示したテントがあり、モンテレー市内のコンベンション・ホールでも、毎夜オークションが開かれているから、これらも見逃せない。夜は、ビーチの桟橋にあるフィシャーマンズワーフで、名物クラムチャウダーがお勧め。この３日間をどの様に割り振るか悩むところだ。

カリフォルニア・2

「ミッレ・ミリア」でパトカーに先導してもらった経験を持つ僕だが、アメリカでも何故か白バイに先導してもらったことがある。午前中「コンコルソ・イタリアーノ」を観て、ラグナ・セカのレース場へ移動の途中の事だ。山道で片側１車線の道はレース場に向かう車で大渋滞だった。そこへ何処からか白バイがやって来て我々の乗ったバスを先導し、渋滞を横目で見ながら反対車線を事も無げに飛ばしていく。時々やって来る対向車を一時停車させてだ。権力がこんなにも力を持っているものかと、変なところで感心したり感謝したりだったが、この時は「なぜ？」のままだった。何年か後、このルートで同じ種類のバスに乗ったので運転手さんにその時の事を話したら、やっとその謎が解けた。実はこのバスは「US ARMY」のナンバープレートが付いており、軍の借り上げ車両のようで、用が無い時は営業をしているらしい。だから、白バイは軍の関係者が乗っているものと勘違いしたのでは、というのが真相だ。

US ARMYナンバーのバス

カリフォルニア・3

サンフランシスコとモンテレーの間は国内線の飛行機を利用していたが、ある年の帰りに起きたアクシデント。８月だと言うのにサンフランシスコ空港は霧のため着陸不能で、モンテレーから乗る予定の便が欠航になってしまった。何とかして国際線に乗らなければと、飛行機で４、50分の距離をタクシーで飛ばして２時間位で何とか空港に到着した。予め連絡してあったのでジャンボ機は待っていてくれ、事無きを得た。ところが成田に着いたら、荷物が出てこない。結局手ぶらで帰宅し、翌日宅配便で送られてきたが、よく考えたら空港でチェックインする時荷物を預けると、ベルトコンベアーに乗って奥に消えていくが、受付時間を１時間以上過ぎていたからその先を運んでくれる人がいなかったのだろう。またある時は、ミラノからパリ経由で帰国する予定でエール・フランスに乗った。出発に手間取ってパリ到着が国際線の出発時刻を15分過ぎていたため、無情にもこの会社は我々を置き去りにして予定通り出発してしまった。前のサンフランシスコの件を経験している人が何人もいて、誰もが同じ会社の連絡便だから15分くらい大丈夫と思っていたのに、航空会社指定のホテルに１泊する羽目になってしまった。お国柄の違いと言うのだろうか。

■本書をお読みいただく方へ■

本書は2012年4月に刊行した同名の書に口絵や新たな写真を追加した増補二訂版です。本書は著者が長きにわたり撮影した約1万5000枚の写真の中から、当時の日本車などの変遷をわかりやすく紹介するために必要な写真を選択し、さらに著者による車両解説に加え、適宜撮影時の様子なども織り交ぜてまとめられました。

今日ではクラシックカーと呼ばれ、博物館でも見ることのできないモデルも多く、それらが新型車として街中で使用されていた様子がわかる写真は、貴重な史料として後世に遺すべきものと考えております。従って、収録の写真はカビなどの汚れを消して見やすくする作業など以外、極力修正を加えずに掲載しています。また、解説の作成にあたっては、著者自身の撮影記録や各メーカーの発表資料、当時の文献などを参考としています。

また、メーカー名の名称については、東洋工業→マツダなど年代によって異なります。車名などもフェアレデー→フェアレディなどと世代によって呼び方や片仮名表記が異なります。本書では、読者の理解の促進に配慮しながらも、著者の意向に沿って統一しました。撮影場所・時期については著者が自分の記録をもとに、特定できるものについて明記しています。車両の年式については、著者が自分で保有する資料、上述の文献などに基づき推定し、記しています。

■増補二訂版の編集にあたって■

増補にあたって、本文に関しては著者の了解をいただいて約80ヵ所の修正を加えています。またあらたに25点の写真を加えることで、より資料性を高めています。今回追加した巻頭の8頁のモノクロ口絵は、今では見ることができないショーモデルと珍しいレーシングカーを収録することにより、60年代に急速に発展した日本のモータースポーツの一端を紹介することを目的としています。本書によって、日本が今日の自動車大国となる礎ともいえる、当時の日本車の変遷や日本の風景を感じ取っていただければ幸いです。

三樹書房編集部

目　次

口絵 …… 1

（序文）クルマ・カメラ・海外イベント …… 9

日本車編 …… 16

日産自動車16／たま電気自動車58／富士精密工業60
プリンス自動車工業〈新〉67／日産自動車（合併後の旧プリンス系車両）74
トヨタ自動車工業77／本田技研工業98
東洋工業120／三菱自動車工業128
いすゞ自動車135／ダイハツ工業142
富士重工業145／鈴木自動車工業148
日野自動車工業151／オオタ自動車工業156

＜大量生産されなかった先駆車たち＞
東急くろがね工業158／ヤンマーディーゼル159
住江製作所160／日本自動車工業162
富士自動車163／岡村製作所166
パドル自動車工業168
手造りのくるま169／改造車170

珍車編 …… 171
＜東ヨーロッパ・その他の諸国の車＞
ソヴィエト連邦172／オーストリア177
チェコスロバキア178／ポーランド184
スペイン186／カナダ187／オーストラリア188

あとがき　浅井貞彦 …… 190

監修者の言葉　高島鎮雄 …… 191

日産自動車

戦前からの長い歴史を持つ日産自動車が、数年来の危機を乗り越えて勢いを盛り返してきたのはとても嬉しい事だ。その「ニッサン」の看板である「ダットサン」のルーツは、名前からいえば「快進社」が1914年（大正３）に作った「DAT号」トラックにたどり着く。その「D」「A」「T」が出資者の「田」「青山」「竹内」の頭文字から採られ、後年小型乗用車を発売するに当たってその息子という意味で「DATSON」と名付けたが、「SON」が「損」につながるとして、「太陽」の「SUN」に変えられた、というエピソードは多分ご存知のはずだ。会社が今日に至るまでの紆余曲折は、この本の目的から外れるので省略するが、一つだけ説明しておきたいのは「日産自動車」から「ダットサン」が生まれたのではなく、既に「ダットサン」の製造が始まっていた1933年、フォード、シボレーに対抗できる「普通車」を作ろうとして設立された会社が「日産自動車」になったので、戦前「ニッサン」を名乗っていたのは、６気筒の普通乗用車や、バス、トラックだけで、小型車はずっと「ダットサン」のままだった。

1933　ダットサン・フェートン（12型）

写真は日産自動車が所有する車で、僕の知る限りでは現存するダットサンの中では、名古屋にある1932年型に次いで２番目に古い車だ。写真では「ダットサン第一号車」となっているが、1929年の試作車から1931年「ダットソン時代」までに既に何台も作っているので、1932年から新呼称となった「ダットサン」の最初のモデルという意味だろうか。人混みの中に埋もれている写真は、初めて一般に公開されたと思われる1959年の晴海のモーターショーでのスナップで、物凄い数の観客の中には詰襟の制服に学生帽の姿が目立つ。因みに現在のプレートは「ダットサン・フェートン」となっている。（1959年11月　第６回全日本自動車ショー／1966年２月　駒沢オリンピック公園にて）

1935　ダットサン・ロードスター（14型）
1934年（13型）からはフォード系を真似て世界的に流行した「ハート型グリル」がダットサンにも付けられ外観が大きく変わった。翌1935年（14型）では、エンジンが戦後までダットサンのスタンダードとなる722ccとなり、足回りなどにも改良が加えられて、戦前ダットサンの後期型となった。外見の大きな特徴は、13型では大きめなヘッドライトと、それを結ぶ水平バーがあったが、14型では小型砲弾型に変わり、水平バーは無くなった。ボディのデザインは後年「フライング・フェザー」や「フジ・キャビン」を設計した富谷龍一氏で、この年から付いたマスコットも同氏によるものだ。“DAT”は漢字で書けば“脱兎”で、文字どおりの快足のイメージは見事なものだ。
（1973年　くるまのあゆみ展にて）

1934　ダットサン・ロードスター（13型）か？（p19下）
僕が撮ったモノクロ約13,000余枚の中でどうしても正体が掴めないものが２台あった。古い車に詳しい方に機会ある毎にプリントを見て頂いて来たがどうしても判らなかった１枚がこの車だった。先頃、ニッサンギャラリーに1935年フェートンが完全にレストアされて登場すると聞いて早速足を運んだ。名古屋の名人木村氏の鑑定を仰ぐ為だ。名人はたちどころに「ダットサンです」と断定され、お蔭さまで僕の40年以上前からのもやもやは解消された。何せこの車については真横の写真しかないので年式の特定に困る。以下は、僕の推定で、1937年（16型）からはドアがうしろ開きであることから1936年より前、1935年から付いたウサギのマスコットがみえないし、ボンネットのルーバーやトランクのふくらみもカタログとは異なるところから、一貫生産となった1935年（14型）より前、つまり最も外注の多かった1934年（13型）ではないかと結論付けたがどうだろう。
（1958年３月　静岡市両替町にて）

1935
TOYO
ロートスター

1936　ダットサン・セダン（15型）
この車はずっと1938年の17型としてアルバムに整理していた。オールド・ダットサンの年式判定は、グリルとボンネット・サイドのルーバーの違いが手掛かりだが、この車の特徴は２つとも1938年かと見える。しかしよく見るとマスコットが見慣れない形で、これもウサギのデザインだが1936年の15型にしか使われていないものなので、グリルの方が1938年型に変えられているのだろう。1936～1937年型によく見られる手だ。オリジナルのホイールキャップはもっと小振りで３段重ねだが、僕が昭和30年代に撮ったダットサンの殆どがこれと同じ物を履いていた。多分戦後型からの転用だろう。黒のオリジナル塗装はとても程度がよく大切に扱われていた事が伺える。真横の写真は中々のプロポーションでこれがダットサン？　と見直してしまう。（1957年　静岡市紺屋町・中島屋旅館横にて）

1937　ダットサン・セダン（16型）純正グリル付き

ダットサンのグリルは繊細で、特に1936、1937年型は中央のステーも細いため長期間原型を維持しているものは殆どなく、オリジナルどおりのこの写真は非常に貴重なものだ。1936年型は向かって右上に四角い白いバッジが付く。
(1970年４月　東京プリンスホテルにて)

1937　ダットサン・ロードスター（16型）

現存するダットサン・ロードスターの中のベストとして知られるこの車は、イベントでもよく見かけるのでご存知の方も多いと思う。しかし、この車が1986、1987年と２回にわたって11日間に６千数百キロを走るアメリカ大陸横断の“グレート・アメリカン・レース”に挑戦した事をご存知だろうか。最高速度が、ハイウエーの最低速度そこそこの非力なこの車にとって、フル・スロットルで１日600キロは過酷すぎ、残念ながらレースは２回とも完走出来なかったが、それでも２回目は６日までレースを続けた。しかし遂にファンの１枚が吹っ飛んでラジエターを破損してしまいリタイアとなった。それでも修理を終えたダットサンはレース外で目的地のフロリダ・ディズニーワールドにたどり着きゴールのパレードには参加していた。因みに優勝は1916年「ミッチェル」２位は1935年「フォード」３位は1934年「パッカード」で、アメリカ大陸の広さと、そのスケールに合ったアメリカ車の何たるかを見せ付けられた思いだった。
(1970年４月　東京プリンスホテルにて)

1937　ダットサン・ロードスター（16型）

写真は1957年に撮影したもので、車齢20年だから今考えればそんなに古いわけではないが、“戦前”という一つの大きな区切りがあったため、イメージとしては「古い車」だった。その中でもこの車は再塗装したばかりで僕が街で見た中では一番綺麗なものだ。テールランプは純正ではないようだが、後姿の公式写真が無いので確認できない。ランブルシートに乗り込む為のステップが左リア・フェンダーにあったはずだが……。(1957年　静岡市青葉通りにて)

1937　ダットサン・クーペ（16型）

車のナンバーに注目！“サッポロ１番”からはオーナーのユーモアが伝わってくる。デザインはこの時代としてはとてもモダンで、兄弟のダットサンと較べてもひときわお洒落だ。クーペというボディがどの車をとっても魅力的に見えるのはそのプロポーションのお蔭だろうが、それだけでなく、サッシュの窓枠や凹みの付いたドア・ハンドル、ステップのないフラッシュ・サイドなども注目に値する。グリルに白いバッジがあるのは1936年（15型）を模したものだ。撮影が「60年代」のタイトルからは随分外れているが戦前のダットサンには欠かせない存在なのでご容赦頂きたい。（1982年１月　神宮絵画館前にて）

1937　ダットサン・コンバーチブル・バン・デラックス（T14型）

この車はベースがトラックなので、ボンネットからすぐフロント・ウインドーというところは、乗用車とくらべて寸詰まりの印象を与える。しかし運転席が前進した分だけ荷物室が広くとれるという実用重視の発想だろう。当時バン・ボディは外注されていたので、日産工場製とはかなり違うが、特にフェンダーの扱いには注目で、この年いちばんお洒落なクーペと同じスタイルで、ステップのないフラッシュ・サイドも時代を先取りしている。東京日産から発売された正規モデルで改造車ではない。（1977年１月　東京プリンスホテルにて）

1938　ダットサン・セダン（17型）

戦前の最後のダットサン乗用車がこのモデルで1938年の事だから、戦後型のDAが出た1947年までには10年近いブランクがあった。だからその間は最新型の国産乗用車はいつもこのダットサンだったわけだ。写真は昭和30年代はじめ、仮ナンバーとなっている現役最後の姿を捉えたもので、ホイールのほかはオリジナルをよく保っているし程度も良好だ。腕木式の方向指示器がまだ周りの運転者から認められて実用になっていた長閑な時代だった。後姿の方も同じ頃の撮影で、外見は殆ど変わらないがこちらはもしかしたら1936年（15型）かもしれない。
（両方とも1957年　静岡市内にて）

1938　ダットサン・フェートン（17型）

幌を下げている方は1959年の夏、静岡市内で撮影したもので、神奈川ナンバーの車だった。ボディには“日本一周のツモリ”と書いてあり、東京、横浜、小田原、清水と記入してあった。背中のスペア・タイヤには“お先にどうぞ!!”と書かれていたから、老体をいたわりつつ、のんびりと東海道（国道１号）を西に向かって旅を続けるつもりだろう。この当時は「レストア」という言葉も一般的に知られていなかった時代で、この車も昔ながらの物だ。

（1959年８月　静岡市役所前にて）

一方幌を上げている方は、僕が東京へ転勤してから撮ったもので、すっかりお色直しを済ませてからの物だから、全体的にとても綺麗すぎて、僕の持つイメージからすると“ダットサンらしくない”という偏見に満ちた印象だった。現代の保安基準に合わせバックミラーやターンシグナルが追加され、ホイールも戦後型となっているが、寒い季節でサイドも防御した姿はなかなか良い。

（1962年３月　港区芝公園付近にて）

1937～8　ダットサン・フェートン（改）

ドアが前ヒンジなので1937～1938年型とまでは判るが、それより先はよく出来たダットサンの改造車としかいえない。前後のフェンダーとリア・トランク周りが改造されているが、非常にバランスが良く、また仕上げも綺麗で、これに本物のスポーク・タイヤを履かせれば英国のスポーツカーにも負けない出来だ。（1966年７月　北区王子５丁目庚申通りにて）

1938　ダットサン・ロードスター（17型）

写真の車は、よく見るとドアから後が違うようにも見える。特にボディが随分低めだと感じるのは後輪部分で、普通はタイヤ１本分くらいの隙間があいているはずだがタイヤの上部が見えないくらい低い。レーサーならいざ知らず、この車の車高を低めるために改造するとは考えられないので何かの事情でこうなってしまったのだろうか。グリルも戦後のトラックのものらしいが、昭和30年代の前半といえば、まだマイカー・ブームの来る前で、車は貴重品の時代だから何とかやり繰りして走らせていた時代だ。（1957年　静岡市呉服町にて）

ダットサン・ロードスター（改）MG風

前後のフェンダー・ラインは、ほぼ完璧に「MG」になりきっているこのソックリさんは、オールド・ダットサンをベースに、憧れの「MG」に近づく為の涙ぐましい努力が見られる。手作りのグリルは縦のシャッター14本で、隙間が一寸気になるが数はしっかり合わせている。全体のプロポーションからはもう少し面長の方が良いのだが無理だったか。この車の最も「MG」らしく見えるのは後姿で、角張ったテールランプは本物かも知れない。場所は現在首都高３号線が渋谷駅を跨ぐ高架となっている辺りで、東京オリンピックを目指して工事が始まったばかりだった。
（1962年２月　渋谷駅付近にて）

1938　ニッサン70型・セダン

「ニッサン」という名前の由来は1933年、日本産業と戸畑鋳物の出資で設立された「自動車製造株式会社」が翌年「日産自動車株式会社」と社名変更したもので、親会社の「日本産業」を縮めたものと思われる。日産では小型車から普通車に進出するに当たって、技術提携によって短期にノウハウを取得しようと日本GMと交渉を進めたが、当時破竹の勢いだった陸軍の反対で実現せず、アメリカでも二流のグラハム・ペイジ社の遊休施設を買い取り1936年4月調印した。日本へ移転したその施設から生まれたのが写真の車で、原型については「グラハム」の1935年型と1936年型の説があるが、買い取った1936年のモデル80（クルセーダー）はベーシックモデルで「去年からモデルチェンジしていなかった」が真相のようだ。
（1973年　くるまのあゆみ展にて）

1952−53　ダットサン・スリフト・セダン（DS4）

戦後のダットサンを見ると、「スタンダード系」のDA型 1947〜1950年（スタンダード・セダン）→ DS 2 〜 5 型 1950〜1954年（スリフト・セダン）→ DS 6 型1954年（コンバー）と、「デラックス系」のDB 1 〜 6 型 1948〜1954年（デラックス・セダン）の 2 つに大別できる。各モデルを年代順に並べるとややこしいが、系列別に並べると判りやすい。スタンダード系の第 2 世代「スリフト（Thrift）」は節約、倹約などを意味する言葉でこのシリーズの後継者に相応しい名前だ。スリフト・シリーズとしては1950年のDS 2 から1954年のDS 5 までであるが、写真の車はグリルが変わり 4 ドアとなった 2 代目だ。ジープスターの影響を受けた初代のスタイルを引き継いではいるが、僕はこれを見ると、小型なのに思いっきり高級車並みにエッジを立てた「トライアンフ・メイフラワー」（『60年代 街角で見たクルマたち』ヨーロッパ車編122頁参照）の後姿をつい思い出してしまう。（1958年 8 月　静岡県庁横にて）

1954　ダットサン・デラックス・セダン（DB6）

戦後いち早く1948年からスタートしたデラックス・シリーズは、小型車としてはとてもよくまとまったスタイルで、1955年にA110型が発表されるまで７年間も作り続けられた昭和20年代を代表する車だ。お手本はアメリカの1947〜1948年クロスレー・セダンで、最初がいちばん似ていたが、その後も細かい変更を続けながらシリーズ６まで基本的なスタイルを守って作られ、その最後のモデルが写真の車だ。下の写真でも判るとおり、当時のアメリカ車に倣ってリア・ウィンドーを３分割の大きな曲面ガラスにしている。（1958年　静岡市役所裏、青葉通りにて）

1954　ダットサン・コンバー・ピックアップ（DS6改）
スリフトの後継モデルがこの車で、車名はConvenient-Carを短くつめてConver（コンバー）と名付けられた。“便利な車”という意味で、今はやりの“コンビニエンス・ストア”と同意語なので、いっそ車名も“コンビニ”にすれば良かったのにと思うのは現代の発想で、その頃まだコンビニはなかった。シャシーはスリフトと変わらないがボディはジープスタイルの直線構成から、丸みを持った物になり印象は全く別のものとなった。同時に構造上でもセミ・モノコックの採用で大いに近代化された。しかしバンパーやDATSUNの文字は素人の手作りかと思うほどに垢抜けない。僅か５ヵ月しか作られなかった非常に珍しい車で、写真は４ドアなのに後部に荷物が積める４ナンバーで、カタログモデルかは不明。
（1958年　静岡市本通りにて）

1957 ダットサン114・セダン
ダットサン110シリーズは、1955年から1957年にかけてつくられた戦後「ニッサン」の基礎を確立した傑作シリーズと言え、シリーズは「110」「112」「113」「114」「115」と続いて「210」「1000」を経て「ブルーバード」へと続いた。中でも「110」「112」は代表格で資料も多数あるが、手もとの資料もあまり多くないので、今回は「114」のグリルを他モデルと比較のため掲載した。
（2018年　日本自動車博物館にて）

1955　ダットサン110・セダン
この110型は戦後の日本のデザインを語る上で欠くことの出来ないモデルだ。これまでのお手本にした外国車がなんとなくチラつくスタイルと違って、独自のデザインはシンプルで、すっきりしている上に、バランスも良く、初めて外国に負けない国産車が出来たと僕は感じた。但しこれはボディに関しての話で、この時点ではシャシーはまだ旧(ふる)く、エンジンも860ccのままだった。このタイプにはボディが２種類あり、関東以北には吉原工場製の「A110型」が、中部・関西以西は新三菱重工製の「110型」が当てられた。写真の車は東京では珍しい関西型で、屋根の雨樋がぐるっと後ろまでまわっている、俗に“鉢巻”とよばれるタイプだ。この車のデザイナーは佐藤章蔵氏で、余談だが僕が持っているいちばん高価な本が1975年に番町書房から出版された佐藤章蔵著『クラシックカー1919－1940』という定価65,000円（限定800部／66番）もする箱入りの豪華本だが、総重量が8.4kgもあり元気な時でないと棚から下ろせない。（1958年　静岡市紺屋町・日本相互銀行横にて）

1957　ダットサン112・セダン
1955年１月に誕生したダットサンの110系は、1959年７月ブルーバードが出現するまで４年半の間、スタイルを変えずにフェイス・リフトのみで112、113、114、115、210、211と進化を続けた。写真の車は俗に“ハーモニカ・グリル”と言われた２代目で、デザイナーの佐藤章蔵氏はこの「112型」で、毎日産業デザイン賞を受賞している。しかし、シンプルに徹したこのデザインも、裏を返せば質素そのものとも解され、大口ユーザーのタクシー業界の中には客離れを心配して派手な塗り分けをしたものさえあった。1950年中頃といえば年々アメリカ車がクロームで派手さを競っていた時代だった。フェンダー上にインペリアルみたいなウインカーが付いた。（1977年８月　千葉市内にて）

1958　ダットサン210・セダン

1957年10月デビューした210型は待望のOHV 988cc 34hpエンジンを得て、新シリーズとなり性能も大きくアップした。フェンダーに付いている文字には「DATSUN1000」と入っているが、これは排気量を表示したもので、車名に「1000」が入るのはこの後の「211」からのようだ。このモデルは、1958年9月オーストラリア・モービルガス・トライアルに2台で挑戦し、「富士号」はクラス優勝、「さくら号」も4位入賞を果たし、その後の国際ラリー参戦への先鞭をつけた。参考に載せた「富士号」の写真（下）は、後年銀座・日産本社のギャラリーで撮ったもの。(写真上・1988年1月　明治公園にて)

1959　ダットサン1000(211)・セダン

110系の最終発展モデルがこの車で、1958年10月から1959年5月までの僅か半年少々しか生産されなかったが、「ダットサン1000」というこの車に対してはもっと長かったような印象を持っていた。それはブルーバードが出た後もかなり大量にタクシーとして活躍していたせいかも知れない。とにかく「ダットサン」といえばこのグリルがすぐに頭に浮かぶのは、このあとの車は「ダットサン」と呼ばなくなったせいもある。210型ではフェンダー上にあったウインカーが211型ではヘッドライトの下に移った。因みに東京渡し価格は76万7千円だった。(1959年　静岡市内にて)

1957　ダットサン123・トラック

戦後のダットサン・トラックは1953年発表されたモデルまでは、お馴染みの縦型グリルを持つ戦前スタイルをそのまま引き継いでいたが、セダンが110系に変わったのに合わせて戦後はじめて乗用車と同じボディとなった。写真の123型は、113型セダンのトラック・バージョンだと思うが、サイドマーカーがフェンダーの他に、ヘッドライトの下にもあるのがセダンとは違う。昭和30年代の初めといえば、まだ自家用車ブームよりずっと前の話だから、一般庶民にとって自動車といえばトラックの方が身近な存在だった。
(1958年　静岡市紺屋町にて)

1958　ダットサン・トラック1000

乗用車が210シリーズ（1000cc）になったのに合わせて、トラックもモデル・チェンジが行なわれた。外見は主にグリルの変化だけだが、速度、登坂力は向上し、積載量も100kg増えて850kgとなった。写真の周りに見える自動車はいずれもシボレーで、右は1951年式、後は1953年式だが、静岡のような地方都市でもアメリカ車は沢山見ることが出来た。
(1959年　静岡市内にて)

1959　ダットサン・ライトバン1000

写真の車は２ドアの４ナンバーで明らかにトラック・ベースと判る。コマーシャル・カーのリストにピックアップとライトバンが載っており、当時乗用車ベースのワゴン・タイプはまだ無かったようだ。価格はセダンの76万７千円に対して65万円だった。上から見ると屋根の面積が随分広く、シートも２列あるので使い勝手からすれば乗用車よりはお買い得だ。
(1959年　静岡市紺屋町にて)

1960 ダットサン・ブルーバード1000・スタンダード

写真の車は初代ブルーバードが発表された直後に撮影したもので、グリルが光っていないのはまだ保護テープが貼ってあり、ホイール・キャップも付けてない。神奈川のディーラー・ナンバーが付いているところを見ると、追浜の工場から、どこかへ陸送中のものだろうか。今のように１度に５台も６台も積んでしまう大型のキャリヤーなど無い時代だったから、１台ずつ運転して国道１号線（旧東海道）を西へ向かって行った。後の窓に「ブルーバード」のステッカーが見えるのは、まだ殆ど無名の「ブルーバード」という車名をＰＲするためだ。当時の陸送といえば大型トラックなどはベア・シャシーだけでシートも無く、タイヤのチューブに座って運転しているのを何回も見た。

（1959年８月　静岡市紺屋町・中島屋旅館前にて）

1961 ダットサン・ブルーバード1000・スタンダード

1959年８月から発売されたブルーバードには「1000」(スタンダード) と、「1200」(デラックス) があった。外見上デラックスは２トーンでバンパーにオーバーライダーがあった。デザインは「110」と同じく佐藤章蔵氏で、同時代の世界各国と勝負できる見事な出来映え。1960年秋、出力アップと同時に、ギアボックスがフル・シンクロとなり、グリル内にバッジが付いたのがこの写真のモデルである。(1961年３月　横浜・山下公園にて)

1960−61 ダットサン・ブルーバード1200・デラックス (改)

この車は不思議な車だ。一見クーペかと思う程なだらかなルーフは、良く見ればキャンバス・トップで、「スポーツ・コンバーチブル」とでも呼びたくなるスタイルは、とても素人の仕業とは思えない。しかしブルーバードのこのシリーズにはオープン・モデルはないので改造車である事は確かだ。昔はパレード用に屋根を取っ払ってオープンカーを作ったという話も聞いた事はあるが……。あとで又溶接しなおしたというのは本当だろうか？　もしかしたらオープンの試作車か？　３つ並んだバッジに手掛かりはと、よく見れば右はアメリカのグレート・ノーザン鉄道だった。
(1963年　軽井沢・鬼押出しにて)

1962　ダットサン・ブルーバード1200・スタンダード

ブルーバードは発売後ちょうど２年目の1961年８月、グリルとテールにちょっぴり手を加えた。うっかりすると気が付かない程イメージは変わらないが、よく見るとグリルは上部の隙間が目立つ広さになり、テールランプは「柿の種」といわれた前モデルより一回り大きくなった。背景は煙をはく浅間山で、軽井沢へドライブした時のスナップ。（1963年　軽井沢・鬼押出しにて）

1965　ダットサン・ブルーバード1300SS・セダン

今は違うが、この当時は自動車の写真にはなるべく人間が入らないように心掛けていた。僕にとって自動車全部を写すためには、モデルさんは邪魔な存在でしか無かったのだ。だからこの写真はモデルさんがずっとこの位置に立っていて仕方なくシャッターを切ったケースだと思う。1963年９月フル・モデルチェンジして「410型」となり、ピニンファリナがデザインしたといわれる尻下がりのスタイルがお目見えした。その評価は色々あったが、さいわいこの写真では、モデルさんが上手に隠しているので気にならない。
（1964年９月　晴海・第11回東京モーターショーにて）

1966　ダットサン・ブルーバード1300SS
サファリ・ラリー優勝車

厳しいことで知られるサファリ・ラリーだが、豪雨に見舞われたこの年の天候は特に過酷で、全長4800km、参加88台でスタートしたこのレースでゴールイン出来たのはたった９台しかなかった。実に90%がリタイアした中で４台参加したダットサンは、３台が走り切り（内１台はタイムアウト）、クラス優勝、２位（総合５、６位）を獲得した。ダットサンが頑丈なのは、悪名高き日本の道路を走るタクシーからのフィードバックという時代が過去にあったお蔭だろうか。
（1966年11月　晴海・第13回東京モーターショーにて）

1967　ダットサン・ブルーバード1600SSS・セダン

1967年8月9日ニュー・モデル「510型」を発表した。この日は仏滅で、しかも原爆記念日にも当たるが、ライバル・トヨタの首脳陣が東京に不在の日を狙ったという話もある。丸みのある前モデルと違って、シャープさを強調するデザインは「スーパー・ソニック・ライン」と呼ばれ、薄くより幅広く見える。この頃になると海外ラリーで活躍のせいか、セダン・タイプの高性能バージョンが人気で、ブルーバードのトップモデルは写真のスーパー・スポーツ・セダン「1600SSS」がそれだ。1970年のサファリ・ラリーでは念願の総合初優勝に加え、クラス優勝、チーム優勝の3冠という偉業を果たした車で、これも「羊の皮を被った狼」の一台だ。(1969年6月　小金井市・運転免許センター付近にて)

1973　ダットサン・ブルーバードU
4ドア・セダン2000GT-X

1971年、ブルーバードの4代目「610系」通称「Uシリーズ」が誕生した。2年後のマイナーチェンジでは最強モデル「GT-X」が登場した。スカイラインと同じ6気筒SOHC 1998ccのL20型エンジンを搭載しているため4気筒車よりボンネットが長い。当時としては珍しく大型グリルを持っており、サイド・ウインドーの後端が英語の「J」を連想するスタイルも特徴的だった。

1953　オースチンA40・サマーセット

その丸っこさから僕らは「だるまオースチン」と呼んでいたこの車は、1952年12月、英国のオースチン社と技術提携をした日産自動車から生まれた。それは戦中を含む長いブランクを短期間で埋めようと技術習得を目指したもので、部品の全てを輸入して組み立てるだけの「完全ノックダウン」からスタートした。３年後には部品の完全国産化を目指していたが、２年後の1954年12月から本国のモデル・チェンジに合わせてA50に切り替えとなってしまいこの目的は達成出来なかった。しかしこの経験は次のモデルに生かされ僅か１年半で完全国産化は達成した。真上から見た自動車の写真は、普段あまり見慣れないアングルでモデルカーのようにも見えるが、地上で見ている印象よりずっと長く感じられる。

（両方共1958年　静岡市内にて）

ダイヤモンドが当る!
日立電気冷蔵庫
日立チェーンストール
日立テレビ

Ⓐ

静 5
す3205

Ⓑ

1957　オースチンA50・ケンブリッジ・スタンダード（セミ・デラックス）［写真Ⓐ］
1957　オースチンA50・ケンブリッジ・デラックス［写真Ⓑ］
1959　オースチンA50・ケンブリッジ・デラックス［写真Ⓒ］
1959　オースチンVA50・ケンブリッジ・デラックス・バン［写真Ⓓ］

国内組立オースチンの第２弾「A50シリーズ」はスタンダード・モデルからスタートして、1956年４月からデラックス・モデルが加わった。そして1959年型からはヘッドライトとグリル外周がクロームとなり、リア・ウインドーが広がった。因みに本家英国では1955年型ケンブリッジは1.2リッターの「A40」が主流で、1.5リッターの「A50」になるのは翌年からだ。本国のオースチンにはデラックス・モデルはなく、日本のモデルに付いている幅広のモールは1957年「A95」の物だろう。後部に荷物室を持つタイプを英国ではエステートと呼ぶが、日産では「VA50・バン」の名で４ナンバーの商業車として1959年から売り出した。（1958～59年　静岡市内と羽田空港にて）

1960　ニッサン・セドリック・デラックス（30型）

オースチンとの技術提携は1960年３月で終了し、それに代わる中型車として４月から発売されたのが「セドリック」（30型）だ。発売当初は1488ccで、ライバルのスカイラインや、クラウンもみな1500cc以下だったのは、それが普通車の上限だったからだ。スカイラインは既に横４灯になっていたが、こちらは縦４灯という一風変わったもので、通称“タテ目のセドリック”と呼ばれた。そのヘッドライト上辺の処理には1956年のプリムスの匂いもするが、1956～1957年のリンカーンが本命と見た。縦に並べたのもリンカーン辺りの高級感を狙ったものだろう。写真は初代セドリックの発売直後に開かれた展示会で撮影したもので、「セドリック」という名前すら聞き慣れない響きだった。（1960年４月　静岡市内・駿府城公園にて）

1952　ダットサン・スポーツ（DC3）
憧れのスポーツカーといえば一般的には「MG・TD」が理想像だった昭和20年代。もちろんこの車が目指したのはそれだ。イタリアン・デザインが主流となる1960年代と違って、まだ戦前から続く「ブリティッシュ・スタイル」が格好良いと思われていた時代だった。ボディは直線が多く個体差が出にくいから、この車がシンガーのロードスターに似ているという話も聞いた覚えがある。デザインは太田祐一氏で、中身は860cc 20馬力の実用車のままだから最高速度は70km/hに過ぎない。しかしこの車が市販されたのは1952年１月のことだから、ダットサンは「スリフト」、トヨペットはスーパーより前の「SF」の時代で、この時代背景を考えれば性能云々は二の次で、こんな車を作ろうとした意欲と情熱こそ買いたい。
（1970年４月　港区・東京プリンスホテルにて）

1952　ダットサン・スポーツ（DC3）

限定50台で発売され、その時の価格は83万５千円だった。この当時の大卒初任給は多分８千〜１万円位だったと思うから、この車でも夢のような存在に違いなかった。この50台は完売できなかったらしいが、そのせいか新車発表会の時に静岡で見て以来、随分まめに歩き回った僕だが、街中で出会ったのはたった一度この写真の時だけだ。丁度寒い季節で防寒のためのサイド・カーテンを付けているのでちょっと野暮ったく、スポーツカーというよりは戦前のフェートンと間違えてしまいそうだ。背景は戦後の典型的な日本家屋だが、この羽目板も最近は殆ど見られなくなった。（1960年　東京・港区内にて）

1959　ダットサン・スポーツ（S211）
普通はこの写真をみて“フェアレディの古い型だ”と思ってしまうが、確かにご先祖様には違いないが「フェアレディ」ではない。この車が売り出された時にはまだ「フェアレディ」の名前は誕生していなかったから、「ダットサン・スポーツ」が正式名だった。しかし「DC 3」の時と違ってこの「S211」は外見も、中身も、ずっとスポーツカーらしくなっていた。1959年 6 月から市販されたが、その名が示すとおり「ダットサン210系」のシャシー、エンジンに当時としては実験的なFRPのボディをのせ、988cc 34馬力で115km/hまで出す事が出来た。デザインはこれも太田祐一氏で、クリームと赤の 2 トーンはちょっとコルベット風でなかなか良い感じだった。写真は銀座にあるどこかの繊維会社のショールームで撮ったものと記憶していたが、今回そこが日東紡だろうと推定したのは、ボディの材料に日東紡のグラスファイバーが使われていたという事を知ったからだ。
（1960年 1 月　銀座・日東紡ショールームにて）

1959　ダットサン・スポーツ（S211）
この車はわずか 7 ヵ月でモデルチェンジしてしまい、全部で20台くらいしか造られていない。しかもそのうち何台かは市場調査のためアメリカに送られ、日本を走ったのはほんの僅かな台数と思われる。しかし、その中の現役ナンバー付きのクルマを六本木の俳優座劇場前で写真に収めている。このクルマはまだ「フェアレディ」を名乗っていない。
（1961年 2 月　港区六本木・俳優座劇場前にて）

1959　ダットサン・スポーツ（S211）

前頁に続くこのダットサン・スポーツは右ハンドル仕様だけれども、この車を左ハンドルにしてアメリカへの輸出を目指したものだったのだと思う。当時国内にはまだスポーツカーの需要が少なく、その上数少ないその購買層には外国車崇拝の雰囲気が強くあって、国産のスポーツカーなんて、という風潮が一般的だったからだ。国産車の性能が「日本人」に認められるようになるのは、第１回・第２回の日本グランプリで大活躍した1963～1964年以降の事だろう。発売当時のダットサン・スポーツの価格は東京渡し79万５千円で、ブルーバード1200は69万５千円だった。（1961年２月　港区六本木・俳優座劇場前にて）

1960　ダットサン・フェアレデー（SPL212）

1960年1月モデル・チェンジして誕生した「SPL212」の中のLはLeft-handerの表示で、すべて左ハンドルの輸出専用として作られた。不思議議なことに当時の法規では輸入車の左ハンドルはOKなのに、国産車の左ハンドルは車検が通らなかった。だからこの車を現役時代に国内の路上で見ることは出来なかったのだ。しかしこの車は、以後連綿と続く「フェアレディ」の最初のモデルとして欠かすことが出来ないので、近年撮影した写真を利用したのにはそんな事情がある事をご了解いただきたい。外見は同じように見えるが、スチール・ボディとなり、中身は「ブルーバード1200」に変わって、1189cc 43馬力で最高速度は125km/hとなった。名前の由来がミュージカルからで、名付け親が当時の川又克二社長ということはよく知られているが、その名前が命名当時は「フェアレディ」ではなく「フェアレデー」だったのは社長のメモにそう書いてあった？のだろうか。（1997年10月　東京・原宿にて）

1961　ダットサン・フェアレディ1500（SP310－Ⅰ・ショーモデル）
本格的なスポーツカーの歴史はここから始まる。写真は1961年10月のショーで初めて発表された時のもので、実際に市販されたのは１年後の1962年10月からだった。市販モデルは三角窓と、ホイールアーチに薄いフレアーが付き、ホイールの穴が丸く変わっただけで、殆どこのままの姿だったからショーモデルとしては極めて完成度が高いものだった。（1961年10月　晴海・第８回全日本自動車ショーにて）

1963　ダットサン・フェアレディ1500（SP310－Ⅰ）
最初の市販モデルは1962～1963年の２年間作られたが、このタイプの特徴は後席に横向きに座る変則３シーターを持っていた事だ。シャシーはブルーバードだが、エンジンはセドリックから1488ccの71馬力を得て150km/hが可能となった。ようやく国内でもスポーツカーが身近に感じられる土壌が育ってきた時期でもあり、85万円という価格だったが、２年間で約２千台が作られ、その半分近くが国内で販売された。この車が同時代のライトウエイト・スポーツカーと肩を並べる実力をつけたのはこのあとのレースシーンで証明して見せた。フェンダーミラーが左側にも付いているのは1963年型。（1966年４月　東京・千駄ヶ谷にて）

1965−68　ニッサン・シルビア（CSP311）

1964年９月の東京モーターショーに展示された「ダットサン・クーペ1500」は、フェアレディ（SP310）にクーペのボディを載せたものだった。ＢＭＷ507のデザイナーとして知られるアルブレヒト・ゲルツの助言のもとに日産造形課がデザインしたこの車は、シャープなラインが特徴だ。ショーの翌年３月に市販された時には、ボディはそのままで名前が「ニッサン・シルビア」に変わると同時に中身は大変身し、エンジンも超ショートストロークの1595ccとなって、これがそっくり次のフェアレディ（SP311）に引き継がれた。だから一見なんの関係も無いように見える「シルビア」だが、実はお転婆娘「フェアレディ」のドレスアップした姿だったのだ。価格はフェアレディが93万円で買えた時に、こちらは120万円もする贅沢なお買い物だった。撮影した東京オートショーとは、東京モーターショーと同時期に開催された外国車のショーである。（1965年11月　晴海・東京オートショー駐車場にて）

1966　ダットサン・フェアレディ1600（SP311-Ⅰ）第3回日本ＧＰ出場車［写真Ⓐ］
1966　ダットサン・フェアレディS・プロトタイプ　第3回日本ＧＰ出場車［写真Ⓑ］

スポーツタイプの車が活躍の場を得たのは、1963年鈴鹿にサーキットが出来て、国内でも本格的なレースが始まってからだ。その中でも最大のイベントが年１回開催されるJAF主催の日本グランプリ（F１日本GPレースとは関係ない）で、第１、２回が鈴鹿で開かれ、第３回は新設の富士スピードウェイで開催された。⑲は、ポルシェ911、ロータス・エラン、MGミジェット、トヨタS800、ホンダS800などが出場した「グランド・ツーリングカー・クラス」のフェアレディ1600（SP311－Ⅰ）で、このクラスでは高橋国光、粕谷勇のフェアレディがぶっちぎりの１、２位を獲得した。右ページの⑫はプリンスR380、トヨタ2000GT、ポルシェ・カレラ６などが出場したメイン・イベントのフェアレディS（プロトタイプ）で、プラクティスでは豪雨の中でポールポジションを獲得したが、レースではエンジン不調でリタイヤした。この車のエンジンはDOHC1982ccで、一説にはヤマハの息がかかっているのではないかといわれる謎のエンジンで、これが本当なら、トヨタ2000GTと兄弟の間柄ともいえる。後ろの２台はその2000GT。（1966年５月２日　第３回日本グランプリ予選・富士スピードウェイにて）

1968　ダットサン・フェアレディ2000（SR311－Ⅱ）

フェアレディには1500／1600の「SP」と、2000の「SR」の２つのシリーズがあることを頭に入れて置かないと、外見が似ているので紛らわしい。1967年３月、1600（SP311）のモデルチェンジに合わせてフェアレディの最強モデルといわれる2000（SR311）が誕生した。SRとSPが僅か５万円差で併売されたから1600（SP311）の方は蔭が薄かった。1970年まで販売されたが、その間の出版物には、横３本のシンプルなグリルにロールバーの付いた、同じ車の写真がいつも使われていたくらいだ。誕生後１年も経たない1967年11月には、米国安全基準を満たすための改良が行なわれた。フロント・ウインドーが５センチ高くなり、三角窓が固定式となった他、ワイパーの付け根は旧型では両端だったのが、片方が中央に変わり、タンデム作動となった。
（1970年３月　晴海・東京レーシングカー・ショー会場前にて）

LAP
12

1968　ダットサン・パジリック（SR311ベースのカスタムカー）

SP、SRシリーズの最後に、1980年代のイベントで見付けた面白い改造車をお目にかけよう。この車が作られてから20年近く経っているから、何か事情があって改造したのかも知れないが、現代の車をクラシック風にした場合の決定的な弱点は、ラジエターの位置が車軸より前にあることだ。アルファロメオが1965年に戦前の６C1750を模して作った「グラン・スポルト」にも似ているが、その仕上がりは手際が良く、テールランプにはSRシリーズの物が使われていた。
（1985年９月　大阪・万博公園にて）

1969−73　ダットサン・フェアレディ Z-432（PS30）

Zシリーズには３つのバリエーションが用意された。標準は「Z−L（S30）」で、廉価版は「Z（S30S）」、そして写真の「Z−432（PS30）」は高性能版という訳だ。スパルタンなSR系に較べて、居心地の良いGTに“堕落”したZ系の中の硬派がこの車で、エンジンはR380、スカイラインGT-Rの流れをくむS20型だ。６気筒DOHC1989ccから160馬力を得て最高速度210km/hが可能だった。しかし硬派といってもスカイラインGT-Rなどと違って、内装に関してはカーステレオや時計も付いた普通の仕様となっていた。「432」の名称は「４バルブ」「３キャブ」「２（ツイン）オーバーヘッド・カム」から採ったもので、写真では判りにくいが上下２段のデュアル・エキゾーストが特徴だ。価格はS30Sが93万円、S30が108万円、に対してPS30は185万円もした。1973年までの５年間に470台作られたが、1970年の299台以外は年間１桁か２桁しか世に出て来なかったから、街中で出会う機会は全くなかった。
（1986年３月　筑波サーキットにて）

1969−71　ダットサン・フェアレディＺ－L（S30－Ⅰ）
Zシリーズは1969年11月アメリカ市場を視野において発売された。この車のコンセプト決定に当たっては、アメリカで「Zの父 ミスターK」と呼ばれている当時米国日産の社長だった片山豊氏の、スポーツカーに対する見識と情熱が強く働いていた。（Z誕生に至る経緯については本人が語る三樹書房刊の『フェアレディZストーリー』片山豊他共著に詳しい）オリジナリティを重視したスタイルは、プレーンバックの２人乗りクーペに限定し、一回り大きくなったボディはGT（グラン・ツリスモ）と呼ぶに相応しい。テールゲートにエア・アウトレットを持つのは初期型のこのシリーズだけの特徴。（1970年３月　晴海・東京レーシングカー・ショーにて）

1973 ダットサン・フェアレディＺ－L（S30－Ⅱ）
1969年以来、日産を代表するスポーツカー「Zシリーズ」は「S30」から始まり、1971年3月のマイナーチェンジで「S30－Ⅱ」となった。クオーターパネルのエンブレムにエア・アウトレットの機能を持たせた。それで「S30－Ⅰ」にあったテールゲートの横長のエア・アウトレットが廃止された。写真は1976年３月、富士スピードウェイの帰りのバスを待っている間に撮影したもの。

リンク

晴海国際スケー
足立5
に75-22

立川飛行機→東京電気自動車→たま電気自動車

（1947/6　社名変更）　（1949/11　社名変更）

戦時中の「立川飛行機」は、戦後オオタのボディ作りで凌いでいたが、当時はガソリンが配給制で殆ど手に入らない所に目をつけて電気自動車の開発を行ない、1946年（昭和21）11月には試作車を完成させている。1947年６月工場の府中移転と同時に「東京電気自動車」が発足し、車は「たま」と名付けられた。

1949年11月には社名を製品名と同じ「たま電気自動車」と改名し、三鷹の新工場で月産100台という安定生産に入った。しかし翌年６月には朝鮮動乱が起こり、日本経済にとっては戦後復興のきっかけとなったこの出来事も、せっかく軌道に乗りかけた「たま電気自動車」にとっては命取りとなった。その理由は電気自動車の命ともいえるバッテリーに使う鉛の価格が10倍近く高騰し、採算が採れなくなってしまった事と、それまで統制されていたガソリンが出回り、ガソリン自動車の代役を果たしていた電気自動車には、存在価値そのものが無くなってしまったからだ。

1950年で電気自動車の生産を打ち切り、そのあとガソリン自動車「プリンス」を造ることになる。

1949−50　たま・セニア・4ドア・セダン（EMS型電気自動車）

1949−50　たま・セニア・4ドア・セダン（EMS型電気自動車）
この時代の電気自動車の目的は、配給で統制され手に入らないガソリンの代わりに、バッテリーを使って走る事だった。１つでさえ重いバッテリーを、この車はボンネットとトランクに40個も積んでいたから、全重量1650kgの内バッテリーのみで675kgもあった。スタイルは1949年という時点で評価すると、フォードが初めてフラッシュ・サイドのボデイで評判になった年だから、これでも世間の水準よりはずっと「モダン」なのだ。面白いのは、このボデイを1952年型「オオタPDセダン」がそのまま使っていることで、以前オオタのボデイを下請けしていたこの会社のデザインには、外国車の流行をいち早く取り入れるのが得意の太田祐一氏が関わっていたのだろう。最高速度は55km/hで、１回充電すれば231km（経済速度22.8km/hで）の走行が可能だったからタクシーにも多用された。車名の「たま」は工場のあった東京郊外の総称「多摩地区」から付けられた。p58下の後方写真を見ると良くわかるが、多くのバッテリーを積むため、トランクはオオタより長くなっている。（1958年　静岡市内にて）

1947　たま電気自動車
（E4S−47−1）
この車は「東京電気自動車」が1947年に最初に市販した電気自動車1号車「たま」号だ。僕はこの自動車についてひとつの疑問を持っている。昭和30年代初め頃、この車を静岡で見ているが、確か「シンコウ」（文字の記憶はない）という名前が頭に残っていた。後年、この車が「たま」号と知った時はちょっと違和感があった。「シンコウ」の正体はどうやら「神戸製鋼所・鳥羽電機製作所」というモーター／蓄電池メーカーのようで、この会社は1922年には国産初の「蓄電池式運搬車」をつくっており、さらに2トン積のトラックも試作（市販無し）した電気自動車のパイオニアだった。だから「たま」号の誕生には「シンコウ」も関わりがあったのかもしれない。

たま自動車→プリンス自動車工業〈旧〉→富士精密工業

（1951/11 社名変更）（1952/11 社名変更）（1954/4　吸収合併）

1950年電気自動車に見切りをつけた「たま」が目指したのは、同じガソリン車でもダットサンやトヨペットを上回る、当時の小型車としては最大級の1500ccのエンジンを載せて、他社に抜きんでた車を作ることだった。しかし社内にエンジン部門を持たなかったから、何処か外注先をと、目をつけたのが近くにあった「富士精密工業」で、その後この会社を母体とした合併統合が行なわれる事になる。この富士精密の方は戦時中の中島飛行機・荻窪工場から続く会社で、戦時中にも「たま自動車」の前身立川飛行機にエンジンを提供していたという記述があり、手元の資料で調べたところ、確かに何例か発見できた。その中の１機は1944年に「長距離周回世界記録」を樹立した事で知られるA-26（キ－77）だったから、両社の間には古くから深い繋がりがあったわけだ。

1951年11月、ガソリン・エンジンで走る最初のトラックが完成すると同時に、社名から「電気」が取れて、ただの「たま自動車」となった。1952年２月、初の乗用車（AISH型）が完成し「プリンス」の名で発売されたが、その年11月には車名に合わせて「プリンス自動車工業」と再度社名変更を繰り返す。このAISHシリーズの生産を続けている間に両社間で合併の話が進められ、1954年４月プリンス自工が吸収される形で統合がおこなわれ、新社名は「富士精密工業」が引き継がれた。この車名は初代の「プリンス・スカイライン」シリーズまで続き、そのあと再び旧社名の「プリンス自動車工業」を名乗る事になる。この会社の変遷は非常にめまぐるしいので、社名変更の日付と生産年度で確認し易くするために、あえて列記した。

1955　プリンス・セダン AISH－Ⅳ

この「AISH」シリーズは1952年２月に誕生し、1957年の「AISH-Ⅳ型」まで続く。戦後の中型乗用車の先駆者として、OHVエンジン、シンクロメッシュ・４速ギアボックス、コラムシフトなどの先進的な技術を取り入れた点も評価される。写真の車はその第４世代にあたる「AISH-Ⅳ」型で1955年２月に発表された。以前の「AISH-Ⅱ」型とはグリルとモールに少々の変化があるだけで、ボディ・プレスは変わっていない。車が汚れているので見た目が悪いが、このモールの場合は横から見ると２～３年前の英国フォード・コンサルに良く似ており、デザインとしても当時の日本車の水準を越えていると思う。後に見えるのは典型的なボンネットの付いた「いすゞ」のトラックで、ラジエターの下半分が横に広いので1952年頃の物ではないかと思う。（1959年　東京・港区内にて）

1956　プリンス・セダン AISH－V（改）

正面から見たこの写真は一瞬アメリカの「ナッシュ」かと思ってしまう。外国車風のそっくりさんは「オオタ」には色々あったが、まさか「プリンス」でも？　でも待てよ、プリンスの前身「たま」のデザインには「オオタ」の息がかかっていたし、もしかして？？　しかし当時の技術でここまで完璧には出来ないだろう。グリルは、多分1950年のナッシュから外した本物を付けていると思われる。1955年10月モデル・チェンジして「AISH-V」型になり、ラジエター・グリルはVラインを取り入れたグッド・デザインに変わった。（本来のグリルは次頁の写真参照）それと同時に国産車としては初めて２トーン・カラーのカタログモデルが誕生した。（1958年　静岡市春日町・静清国道<国道１号線>にて）

1957　プリンス・セダン・スペシャル／ライトバン AMSH－Ⅱ

プリンス・セダンには「AISH-V」型を改装して前輪独立懸架にした姉妹車「AMSH」があり、1956年5月から併売された。元々この構想は「AISH」の企画当初からあったが、タクシーが大口需要先だった当時の事情を考えれば、「先進性」や「乗り心地」よりも「耐久性」が優先したのは無理も無い。しかし1955年トヨペット・クラウンに先を越され、技術のプリンスの名にかけて追っかけ発売したものの、"国産車初の"というタイトルは逃した。写真の車はその第2世代にあたる「AMSH-Ⅱ」だ。両車のグリルは同じで、「サイドモール」と「塗り分け方法」が見分けるポイントとなる。スタンダードではボンネットと屋根が別色になり、スペシャルではヘッドライトを境に上下に塗り分ける。サイドモールは途中で波打っているのがスペシャルの特徴だ。正面向きの車は4ナンバーだから商業車仕様もあったようだ。（1959年　静岡市内にて）

1957　プリンス・スカイライン・スタンダードALSIS－1
スカイラインはプリンス・セダン「AISH」「AMSH」型の後継モデルとして誕生した。前輪独立懸架に、後輪はこれ又「国産車初の」ドディオン・アクスル／リーフ方式を採用し、他社とは一味違うところを強調した。これまでの「プリンス・セダン」のスタイルも均整がとれた良い感じだったが、一寸古くなってきたかなあと思い始めていた矢先だったから、この「スカイライン」のニューモデルを街で初めて見つけたときは“ホー！日本でもこんな車が作れるようになったか”としばし見とれた。1957年といえば、アメリカ車は一つの頂点に近づいていた時期で、それらに較べて遜色無い出来映えということは、世界水準に手が届いたといえるだろう。ボディはフロント・グリルやサイド・モールディングで差をつけた「スタンダード」と「デラックス」があった。（1957年　静岡市内にて）

1957 プリンス・スカイライン・デラックスALSID－1（1957年　静岡市内にて）

1959　プリンス・グロリア BLSIP－1

この会社には常にライバルと違った「何か」を求める精神があった。日産、トヨタが1000cc以下の時、あえて1500ccのプリンス・セダンを出したように1959年１月に新シリーズ「グロリア」を誕生させた。この時点で1900ccのエンジンを採用した、ということには大きな意味がある。なぜならこの当時1500ccを越えれば普通車だったから、スカイラインと同じ広さの車が、税金の高い普通車として受け入れられるかは大きな賭けだったに違いない。翌1960年９月には道路運送車輌法施行規則の改正があり、小型車の排気量は2000cc以下となったので「グロリア」も５ナンバーで良くなり、その改正に合わせて1900ccの「クラウン」や「セドリック」もお目見えした。「グロリア」のこの微妙なタイミングは、法改正を予期していたのか、偶然だったのか。いずれにしても、これによって“戦後初の３ナンバー”というタイトルをもう１つ獲得した。
(1959年８月　静岡市内にて)

1960　プリンス・スカイライン・デラックス ALSID−2改
今ではごく当たり前の四つ目のヘッドライトも、一般に実用化されたのは1957年で、アメリカ車が一斉に採用したこの年からだったと思う。プリンスでは1960年２月に「スカイライン・デラックス」と「グロリア」を、そのあと９月には「スカイライン・スタンダード」を他社に先駆けて４灯化した。ライバル「セドリック」は発売当初からタテ四つ目だったが、その発売は僅か２ヵ月遅れの1960年４月からだったので、"国産車初のデュアルヘッドランプ"の栄冠も「プリンス」の頭上に輝いた。(1960年　東京・港区内にて)

1962　プリンス・グロリア 1900 デラックス
1962年にフル・モデルチェンジして２代目となったこの車は「フラット・デッキ・グロリア」とも呼ばれた。本来「フラット・デッキ」とはフェンダーとボンネットの高さが同じで段差がない事を言うが、狭義では1960年「コルベア」で見せたボディ全体に鉢巻をしたようなスタイルの事を指す。わが国では初代「ファミリア」がこのスタイルを採用している。

プリンス自動車工業〈新〉

（1961/2　社名変更）

「スカイライン」や「グロリア」が順調に街に出回り、プリンスという名前の知名度が上がってきたことに合わせて、製品と結びつかない「富士精密工業」から、「プリンス自動車工業」に社名変更が行なわれた。新社名は「たま自動車」系が「富士精密工業」に吸収合併される直前に使用していた名前に戻ったもので、「旧たま自動車」系の社員にとっては、胸を張りたくなるような特別な感慨があったにちがいない。再三にわたって社名変更を繰り返して来た「プリンス系」としては最後の名前となり、このあとの1966年（昭和41）には、日産自動車と合併することになる。

1962　プリンス・スカイライン・スポーツ・2ドア・クーペ BLRA－3（1961年11月　晴海・第8回全日本自動車ショー会場にて）

1962　プリンス・スカイライン・スポーツ・2ドア・コンバーチブル

1950年代の国産車はその殆どが世界の主流だったアメリカ車を意識したデザインだった。しかし1960年11月のトリノ・ショーでベールを脱いだ「スカイライン・スポーツ」は、グロリアのシャシーにイタリア人デザイナー、ジョバンニ・ミケロッティのボディを架装したもので、写真は翌1961年10月東京のショーで国内デビューした時のものだ。1962年４月から市販を開始したが、オーダーメイドの形で50数台が販売されたに過ぎない。展示車はイタリアでアレマーノが作ったが、生産車は国内で全てが手たたきによって生み出された。総革張りの豪華な室内装備を持つこの車の性格は、スポーツカーではなく“国内初のグラン・ツリスモ”（GTカー）で、“国産車初のイタリアン・デザイン・カー”と併せて、ここでも“国内初”の２冠を獲得した。因みにミケロッティに支払われた額は34,500ドル（@360円）約1,240万円と言われ、デザイン料、木型、デモ車両２台を含むとすれば、この車の価格185万円（クーペ）に較べ、法外に安い。それはリラの為替レートの所為だったのだろうか。

（1961年10月　晴海・第８回全日本自動車ショー会場にて）

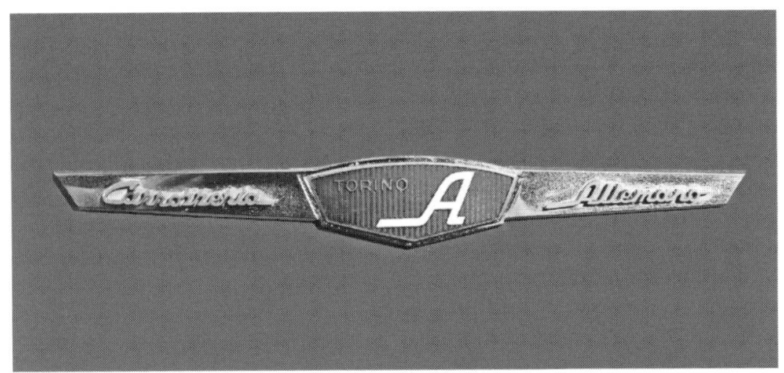

イタリアで作られた展示車

フェンダーの先端には「STUDIO G・Michelotti」（左下）とデザイナーを示す文字が入るが、これは生産車にも付いている。デザイナーは共通だからだ。しかし中央に「TORINO A」、左右に「Carrozzeria Allemano」（左上）と入るバッジはボディをつくったメーカーの証（あかし）なので、オリジナルのみで、生産車には代わって中央に「P」と入った似た形のものが付いている。もうひとつの特徴は、ルーム・ミラーの裏側に五輪のマーク（下）が入っていることで、この車がデザインされた1960年に開催されたローマ・オリンピックを記念したもの。

1964　プリンス・スカイラインGT

「スカG」といえば1964年から1968年にかけて作られた細身のS54系が目に浮かぶ。第２回日本GPでの生沢スカＧと式場ポルシェ904の死闘はいまや伝説となっているが、この車の本当の実力を見せ付けられた観客の一人として僕もその場にいた。レーシング・ポルシェに対して外国のスポーツカーならいざ知らず、"箱型の国産車なんか足元にも及ばない"と予想していたのは僕だけではなく、事情を知らない大部分の観客はその程度に「スカG」を見くびっていたと思う。当時は外国車崇拝が世間一般の常識だったから、その戦い振りを見た時の驚きは、喜びというよりはショックに近かった。もちろん関係者はそれなりの準備をし、自信を持ってレースに挑んだ事で、それを僕らが知らなかっただけの事だが……。写真は第１コーナーを過ぎて60Rから短いストレートに向かって立ち上がって行くシーンで、６周目までポルシェの先行を許していた生沢のスカイラインが７周目にトップを奪ったあの伝説の証拠写真だ。最終結果は１位こそポルシェに譲ったが、２位から６位までを独占し、大げさにいえば日本国民に「国産車恐るべし」と認識させた大事件だった。(1964年５月３日　鈴鹿サーキット・第２回日本グランプリ〈GT-Ⅱ〉決勝にて)

1966　プリンス・スカイラインGT（グループ5 ファクトリー・カー）

1963年11月新しいシリーズが誕生した。ひとまわり小さいボディに、1500ccのエンジンを載せたのが「スカイライン1500デラックス」だ。そしてそれをベースにレース用に改造し、「生産GT」としての認可を取って第2回日本グランプリに臨(のぞ)んだのが、伝説の車「スカイラインGT」（S54系スペシャル・バージョン）だった。この車はグロリア用の6気筒エンジンを積むため、エンジンルームとホイールベースを200ミリ延ばし、基本形はシングル・キャブだったが、オプションのウエーバーの3連装（レース仕様）の方が100台作られた。これが1965年2月「2000GT」としてカタログ・モデルとなったが、キャブレターが品不足で、1965年9月からは一旦停止していたシングル・キャブ版を「2000GT-A」として再販し、3キャブ版の方は「2000GT-B」と呼ばれることになった。GT系を整理すれば、基本的にはシングル・キャブ版「A」と、3キャブ版「B」の2種があっただけだ。写真の車はその「GT-B」をチューンしてグループ5で優勝した車だが、ファクトリー・チューンなのにナンバー付きだ。
（1966年5月　富士スピードウェイ・第3回日本グランプリ〈TSⅢ〉予選にて）

1964 プリンス・スカイライン 1500　デラックス

「スカG」の愛称で車好きに知られるこのシリーズは、第2回日本グランプリでポルシェ904と互角に戦ったことで国産車に対する認識を外国車並みに引き上げた。その「S54」のベースとなったのが4気筒1500ccの「S50」で、写真の車である。この車にグロリア用の6気筒エンジンをベースにダブルチョーク・ウエーバー3個で強化した高性能モデルが「2000GT-B」だが、ベースとなった「1500」は純オーナー・ドライバー向けにつくられたごく普通の車だった。（1967年　杉並区内にて）

1967　ニッサン・プリンス・スカイラインGT-A

年式は日産と合併後だが、S54系の締め括りとして、又、車名にあえて「プリンス」を残している心情を汲んで、「プリンス自工」の項に入れた。1966年10月のモデルチェンジで日産色を出すためか、それまでの縦線のグリルから黒塗りの横パターンにかわり、クオーターパネルの下部にエア抜きが付いた。写真の車のバックミラーは形も位置もオリジナルとは違うようだ。GT-Bとの違いはリア・ホイールアーチのフレアーの大きさで、細めのこの車はGT-Aと推定した。
(1969年６月　小金井・運転免許センター付近にて)

1965　プリンス・グロリア6　エステート（第4回日本GP、救急車）

1962年９月、流行のフラットデッキ・スタイルを取り入れた第２世代の「グロリア」が生まれ、翌1963年６月にはそれに“国産市販車として初のオーバーヘッド・カムシャフト（SOHC）６気筒エンジン”を載せた「スーパー６」を発表しイメージアップをはかった。これがきっかけで、各社からSOHC６気筒モデルが次々と登場した。1964年５月にはプリンスのフラッグシップとして2.5リッター（３ナンバー）の「グランド・グロリア」が登場したが、この車には“国産車初のパワー・ウインドー”が装備されていた。写真の車はその時、同時に登場した廉価版「グロリア６ワゴン」で、レース場の救急車として使われていた時のものだ。(1967年５月　富士スピードウェイ・第４回日本グランプリにて)

1965　プリンス R380 I 型
いよいよ「技術のプリンス」最後の力作、そして日本のモーター・レース史に不滅の足跡を残した「R380」の登場だ。このレーシング・プロトタイプは前年の第2回日本GPで「スカG」が「ポルシェ」に敗れた事をきっかけに生まれた。勿論この次はポルシェを喰ってやるつもりだったが、残念な事に次の年はGPの開催が見送られてしまった。力のやり場を失ったプリンスが次の目標として選んだのがスピード記録への挑戦だった。僕がモーターショーの会場でこの写真を撮ったのは10月末の事だが、あとから調べたら、谷田部のコースで記録に挑戦したのは10月6日と14日だったから、もし結果が出なかったら2週間あとのショーのブースには何を飾るつもりだったのだろう。結果としてはご覧のように時速238.15km（50km平均速度）など6種目の国内公認記録を樹立した。
（1965年10月30日　晴海・第12回東京モーターショー会場にて）

1966　プリンス R380A－Ⅰ
(p72下、p73上、下)

第３回日本グランプリが新設の富士スピードウェイで開催されることとなり、念願のポルシェと対決する晴れ舞台が来た。今回ポルシェはカレラ６を持ち込み、その他トヨタ2000GT、フェアレディS、ロータス・エリート、デイトナ・コブラ、ジャガーEタイプ、シムカ・アバルト、ダイハツP３と、排気量の違う３クラス混合のレースだった。写真は雨が降る中での予選の様子を捉えたもので、水しぶきを上げて疾走する姿は、写真写りとしては効果的だ。決勝でポルシェは３位走行中、２位生沢のチームワークに徹した巧みなブロックに手こずり、やっと首位に立ったが次の給油でまた抜かれてしまう。そのあとタイヤ・バーストによるコースアウトからのクラッシュでリタイアし再びトップに戻ることは無かった。決勝の結果は⑪砂子、⑩大石、⑨横山が１、２、４位となったからプリンス勢の圧勝といえるだろう。
(1966年５月２日　富士スピードウェイ・第３回日本グランプリ〈GPクラス〉予選にて)

日産自動車（合併後の旧プリンス系車両）
（1966/8　吸収合併）

1967　ニッサン・R380A－Ⅱ
1966年５月の日本GPで圧勝した「プリンスR380」だったが、直後の８月に会社が日産と合併したので、翌1967年の第４回日本GPでは「ニッサンR380」と名前が変わって出てきた。合併後もR380の開発は、生みの親である櫻井眞一郎氏を中心にそれまで同様旧プリンスの主導で進められた。ボディは国際競技法典・付則Ｊ項に合わせた改良を受け、空力的により洗練されたスタイルでガルウイングのドアを持ち、カウルはアルミからFRPに変更された。プリンスのエース的存在だった生沢は欧州でＦ３に挑戦中のため契約更新をしていなかったことから、日産チームでのGP参戦を希望するも叶えられず、それが結果的にはポルシェに乗って日産に苦杯を飲ませる事になってしまった。写真は優勝した⑧生沢徹のポルシェと、２位⑩高橋国光のR380のデッドヒート。
（1967年５月３日　富士スピードウェイ・第４回日本グランプリ〈GPクラス〉決勝にて）

第4回日本GPスターティング・グリッド
レースは三和自動車のバックアップを受けた３台のポルシェ・カレラ６と、４台の日産ファクトリー・チームR380A－Ⅱの真っ向対決、それに5.5リッターのCan-Amタイプから改造したローラT70が２台加わり９台でスタートした。予選の結果は１、２、４＝ポルシェ、３、５、６、７＝ニッサン、８、９＝ローラで、スターティング・グリッドは写真で見るように一列目４台、以下３台、２台と並んだ。日産の作戦は今年もポジションによって、先行逃げ切り役とブロック役によるチームプレイを想定していたが、フロント・ロウは⑩高橋のみで、最初から⑧生沢に先行され、遂に１度もトップに立つことは出来ず、ポルシェの本当の実力をまざまざと見せ付けられて完敗した。前年の勝利は素早い給油やブロックなどのチームワークによるもので、車のポテンシャルでは、この年もまだ相手の方が上だった。後姿の写真からR380のテールランプが市販車のスカイラインと同じというのが判る。（1967年５月３日　富士スピードウェイ・第４回日本グランプリ〈GPクラス〉決勝にて）

1967　ニッサン・R380A－Ⅱ改（速度記録車）
力不足を痛感した日産陣営は、翌年へ向けての方針として、モデル・チェンジではなく、1967年型に改良を加える事で戦闘力の強化を図ろうと決めた。それはまだ完全に引き出されていないA－Ⅱ型の潜在能力をより完成に近づけたいという技術者の執念だったのかも知れないが、日産としては翌年のGPを目指して大排気量の「R381」の開発を決めており、両方に手が回らなかったからだと言われている。R381はグループ７でトヨタと対抗するため日産のメンツをかけた決断だろうが、もしプリンスのままだったらR380のニューモデルもあったのだろうか。この車で再度速度記録に挑戦しようと思った最大の理由は、プリンスの挑戦のあとFIAの公認コースとなった同じ矢田部で、トヨタ2000GTに国際記録を出された事だろう。1967年10月８日再挑戦はスタートし、何のトラブルも無く50km平均256.08km/hを含む７つの国際記録を樹立した。
（1969年２月　晴海・第２回東京レーシングカー・ショー会場にて）

1967　ニッサン・R380A－Ⅱ改（豪州、シェブロン耐久レース優勝車）
記録挑戦を終えたA－Ⅱ改は1968年のGPに向けてA－Ⅲへと改良が進む。燃料噴射と太いタイヤの採用でコーナーリング・スピードが上がり戦闘力が強化された。レースは大排気量のR381が総合優勝し、２リッタークラスでは生沢のポルシェ・カレラ10が総合２位（クラス１位）、黒澤、横山、大石がそれに続いて総合３、４、５位（クラス４、５、６位）を占め、３リッターの「トヨタ７」を抑えた。その後1969年に向けてR380としては最後の改造が行なわれA－Ⅲ改となる。10月の日本GPに出場の機会が無かったA－Ⅲ改に念願の海外遠征の話が来たのはオーストラリアで、ダットサンの販売促進が目的だった。11月２日開催された「シェブロン６時間耐久レース」で⑥高橋／砂子、⑤北野／黒澤が１、２位を独占し、最初で最後の海外遠征を勝利で飾った。車名が「DATSUN」と書かれているのに注目。（1970年３月　晴海・第３回東京レーシングカー・ショー会場にて）

1968　ニッサン・R381（第5回日本GP、グループ7）
1963年第１回日本GPのメインイベントは排気量の違う車が一緒に走る混合レースだった。しかし見ている僕らにはクラス別という認識は全然無く、単純に先頭が１番速い車で、３番は３番でしかなかった。1967年秋「R380」でルマン挑戦の動きがあった時、日産の上層部が総合優勝の可能性が無いこのクラスの参戦を見送ったのは、次に誕生する「R381」を大排気量に決めた事と大いに関係がありそうだ。エンジン開発に当たっては、人手不足に加え大排気量に対する経験不足から自前で作るだけの時間がなく、Ｖ８のシボレー5461ccを使う事に決め、シャシーの開発に専念しなければならなかった。試作段階では屋根つきのグループ６仕様だったが、実戦に際しては規制のゆるいグループ７に改装されオープンとなった。この車で最も特徴的な所は左右に分割されたエアロ・スタビライザーを持ち、しかもそれがサスペンションと連動して自動的に作動するという画期的なものだった。レースでは⑳北野の「R381」が見事優勝した。（1970年３月　晴海・第３回東京レーシングカー・ショー会場にて）

トヨタ自動車工業

今や「世界のトヨタ」として日本産業界の大黒柱ともいえるトヨタが、最初の自動車を作ったのは1935年（昭和10）の事だから決して早い方ではない。

しかし、それは豊田佐吉翁がイギリスから得た莫大な特許料を元に、父親の遺志を継いだ長男喜一郎氏の執念から誕生したものだった。母体となったのは「豊田自動織機製作所」で、社長は義兄（佐吉翁の娘婿）の豊田利三郎氏だったから、初めはたとえ父親の遺志とはいえ、事業としてはまだ不安定な自動車作りは、御曹司のお道楽的な見方をされていたようだ。

1933年４馬力の小型エンジンの試作に成功し、やっとその年の取締役会で会社の定款に「自動車製造事業」が加えられ、初めて社内に自動車部が作られた。そして1935年、前記の試作第１号Ａ１号が完成した。

1937年（昭和12）８月には独立し「トヨタ自動車工業」となり、波乱万丈の業界で終始一貫してこの名前を守り通し今日の「トヨタ自動車」に至っている。

外国を見ても自動車メーカーというものは、創始者の大部分が機械造りに熱中するエンジニア・タイプで、経営とは別世界にあったから、規模が大きくなると同時に会社が潰れたり、買収されてりしている。しかし「トヨタ」に関しては、機械造りの興味よりも自動車を世に送り出すという目的が優先していたようで、最初から確(しっか)りした舵取りが付いた経営優先の体質が、組織として機能していたに違いない。というのが、僕個人の感想だ。

漢字の“豊田”のマスコット

1936−48　トヨタ ABフェートン

ダットサンが小型専用だったのと対照的に、戦前のトヨタはみな普通車だった。1935年完成した試作第１号「Ａ１型」は、エンジンをシボレーに、足回りをフォードに、そしてボディは1934年デソートをお手本にしたといわれ、ここにも喜一郎氏の自動車造りの基本姿勢が窺える。①1936〜42年「AA型セダン」、②1936〜48年「AB型フェートン」(含む軍用型ABR)、③1938〜48年「AC型セダン」、④1939〜43年「AE型セダン（新日本号)」、が戦前製品化された４つのモデルだ。写真はAA型をオープンにしたAB型だが、ボンネット・サイドの形状から見ると軍用のABR型ではないかと思われる。スタイルのお手本にした「デソート・エアーフロー」は最先端の流線型で、埋め込み式のヘッドライトだったが流石に日本にはモダンすぎると感じたのか、独立したライトを持っていた。(1973年　くるまのあゆみ展にて)

1938−48　トヨタ ACセダン

創業者一族の名前は豊田で、もちろん「豊田自動織機製作所」で作られた自動車も1936年のカタログには「トヨダ」と濁点が付いている。しかしその年マークの懸賞募集で濁点がないものが当選し10月からは「トヨタ」に変わった。そして1937年４月には「商標登録」され正式名称となったから「AC型」が誕生した時にはすでに「トヨタ」になっていた。写真の車は「AC型」の戦後モデルで、1944年２月で製造中止となっていた「AC型」を、1947年、海外貿易使節団の送迎用としてGHQから特別許可されて作った50台の内の１台だ。戦前型はグリルに３本の横線が入る。
（1973年　くるまのあゆみ展にて）

1947−49　トヨペット SAセダン

戦争に負けた日本は占領軍から乗用車の生産を禁止されていた。それは軍需産業の復活を恐れ、日本の工業レベルを向上させないための占領政策で、敗戦国の惨めな現実はこんな所にもあった。敗戦後2年目の1947年、関係者の努力が実を結んで年間300台の乗用車製造が許可され、そのお蔭で誕生したのがこの車だ。戦後初の乗用車にトヨタが“なぜ小型車を選んだか”については、中型車はアメリカの占有するマーケットで、それと競合することでアメリカ（占領軍）の機嫌を損ねたら大変と思うくらい当時のGHQには気を使ったものだ。「SA」セダンは外見がVWビートルに似ているが、995cc 27馬力のエンジンはフロントにあり、構造は異なる。2ドアのボディと酷使に耐えられない事から、タクシー業界では頑丈な「SB」の方が好まれ、「SA」は215台しか製造されなかった。写真（下）の車はグリル内が横バーに変えられ、カタログには存在しない2トーンだ。

（写真上・1959年　羽田空港駐車場にて／写真下・1958年　静岡市内にて）

1949−51　トヨペット SBセダン（関東自工製）

意欲作の「SA」に対して、「SB」はオーソドックスなトラック・シャシーながら、頑丈さとバリエーションの作り易さから、色々なタイプのボディが架装され、トヨタとしては戦後初の量産車となった。元々1947年小型トラックとして誕生したSB型だったが、1949年には4ドア・セダンが作られ“SB型トヨペット”と呼ばれて、昭和20年代中頃はタクシーに多く使われた。その頃僕の住んでいた静岡では、トラックばかりでタクシーには使われていなかったから、セダンは見た事がなかった。写真の車は僕が東京に来てから撮ったもので、その時はすごく珍しいもの見付けたと思ったのを覚えている。
（1962年　東京・港区内にて）

1950−51　トヨペット SBセダン（中日本重工業製）

「SB」には名古屋の中日本重工業（新三菱重工）製のボディもあり“関西型”と呼ばれていた。写真の車の年式については資料不足で確定できなかったが、リア・フェンダーに張り出しが無いので1950年以降と推定した。いま考えると、当時としては最新型でもない平凡な車を、よくぞカメラに収めていたものだと思うが、「くるま」なら手当たり次第撮ってしまう習性は既に始まっていたようだ。（1958年　静岡市内にて）

1952−53　トヨペットSFKⅡ型セダン（関東自工製）

「SA」から始まったトヨペットの開発は「SD」「SE」を経て1952年２月「SF」まで進み、このシャシーには「SF」（荒川板金工業）、「SFN」（中日本重工業）、「SFK」（関東自工）の３種のボディが架装された。写真の車は関東自工製の「SFK」で、一見してすぐ判るように、そのグリルは1951年のデソートそのものだ。本物の９本より２本少ないが、部品を買ってきたのではないかと思うほどそっくりで“デソート型トヨペット”と呼ばれたから関東自工も満足だった事だろう。（1959年　静岡市内にて）

1953−54　トヨペット・スーパーＲＨＫセダン（関東自工製）

1953年８月、1.5リッターの「R」型エンジンが登場してトヨペットの新時代が始まった。それまでのSV 995cc 27馬力の「S」型に対して、「R」型はOHV 1453ccで48馬力もあったから、一気に1.8倍のパワーを得たお蔭で性能も著しく向上した。営業車に多用されたRH型（スーパー）は、その活発な、というより強引な走りっぷりから“神風タクシー”の流行語が生まれたが、その裏にはこの新型車に乗り換えた運転手さんたちの信頼と満足感が窺える気がする。外見は前の「SF」型のグリルが変わっただけだが、中身は大きく外車に近づいたといえよう。（1958年　静岡市内にて）

1953–54　トヨペット・スーパーRHNセダン（中日本重工業製）

この当時のトヨペットはボディを外注していたから「RH」型にも全然違う顔つきの兄弟があった。こちらはのちに新三菱重工業となる中日本重工業製で、英国フォードのコンサルに良く似たグリルを持っている。このモチーフはトヨタ自工が設計した「SF」（荒川板金製）や、クラウンに先駆けて作られた試作車にも見られるので、自社の「SFN」の発展型ではなく、トヨタ自工の設計によるものかも知れない。因みに型式記号「RHN」のRはエンジン、Hは８番目、Nはボディメーカーの頭文字を表している。（1962年４月　東京・渋谷駅付近にて）

1955－58　トヨペット・クラウン・スタンダード（初代RS）（上）
1956－58　トヨペット・クラウン・セミデラックス（p85上）
それまでは“タクシーとして使えるか”が重要な採点基準だったが、ここで純自家用を照準に、「SA」では時期尚早だった前輪独立懸架を採用し、乗り心地、居住性の向上を図った「RS」（クラウン）が登場した。この車が成功した事で、その後の国産車のスタンダードとして、全体のレベルアップに大きく貢献したと思う。同時に従来通りのタクシー業界の要求を満たすため、「SB」以来の頑丈なシャシーを持つ「RH」の改良型「RR」（マスター）を併売した。これが無ければ、自家用向けのクラウンが営業用タクシーとして酷使され、耐久性云々という「SA」と同じ事態になったかも知れない。そうなれば今日の“名車クラウン”の評価は無かっただろう。（p85上）の写真はフロントガラスが２分割のスタンダードにデラックス並みの飾り付けを持っており“セミデラックス”とよばれた。
（1958年３月　静岡市追手町・県庁前にて）

1956−58　トヨペット・クラウン・デラックス（RSD）（下）

ニューモデル「クラウン」発売の11ヵ月後、1955年12月になって内外の装備を豪華にした「デラックス・モデル」が出現した。外見上一番の相違点はフロントガラスが１枚になったことで、ボンネットのマスコットや正面に車名バッジが付く。1956年型のエンジンはスタンダードと同じ48馬力だったが、翌年から55馬力，58馬力と順次アップした。写真は1947〜1948年フォードと1951年シボレーに挟まれたクラウンだが、アメ車に負けていない。（1957年３月　静岡市追手町・県庁正面玄関にて）

1959　トヨペット・クラウン・デラックス（RS21）

1958年10月、マイナーチェンジを受け、デラックスはRS21（スタンダードはRS20）となった。ヘッドライトのトリム、テールフィン、手の込んだグリル、派手なサイドモールと、細かい手直しだが、印象は随分豪華になった。R型エンジンの排気量は1453ccで変わりないが、出力は62馬力まで上がり、最高速度は110km/hとなっている。静岡の当時の勤務先でこの車を使っていたが、100km/hで走るにはかなり一生懸命だったという印象が残っている。もっとも100km/h出せる道路はそんなに無かったが。（1959年　静岡市内にて）

1959−60　トヨペット・クラウン・カスタム／デラックス（輸出仕様）
僕が東京で車の写真を撮り続けていた頃、珍しい車の大部分は青ナンバーの大使館のものだった。その大使館の車の中で、はじめて出逢った国産車が写真のクラウンだった。青ナンバーがよく似合い、“国産車も中々やるワイ”と、とても嬉しかった。多分アメリカ大使館のものだろうが、このあと各国でも国産車のお買い上げが増えたから、珍しい車の写真を撮りたい僕の立場からすると、少々機会が減る事になってしまった。輸出仕様のこの車は左ハンドルで、モールドも国内向けとは異なるので資料が中々見つからず、アメリカ版の輸入車のリストでやっと確認できた。２台は後がデラックス、前がカスタムでホイールやモールドに差があるが、このグレードの違いは使う人の身分の違いか。（1961年２月　港区一之橋付近にて）

1969　トヨペット・クラウン・ハードトップ（MS51SL）

1967年９月、２度目のフル・モデルチェンジをしたMS50系は、黒塗りの法人向け以外に「白いクラウン」のキャッチ・コピーで個人オーナーを対象にしたキャンペーンを開始した。その一環として、翌1968年11月からは趣味性の高い２ドア・ハードトップが発売され、折からの自家用車ブームに拍車をかけた。この年のクラウンには23種のモデルがあったが、変型角型の特徴的なヘッドライトはハードトップだけに与えられたもので、それ以外はすべて丸型４灯だった。ベーシックのクラウンなら75万円で買えた時、ハードトップの最上級モデルはその1.7倍の127.5万円もしたオーナー自慢の車だ。（1969年11月　晴海・東京オートショー駐車場にて）

1958 トヨペット・クラウン改（映画撮影用スポーツカー風改造車）

この車を見付けた時は“おや？”と思った。今までに見たことのない車だったからだ。しかもボディにはステッカーが貼ってありラリー中のようだ。だが良く見ると「毎朝ラリー」とあるのでピンと来た。映画のロケだ。その映画がなんというタイトルで、いつ封切られたかは判らないが、多分昭和35年頃の「日活」か「東宝」あたりの青春スター物に登場したのだろう。車の正体はクオーターパネルとリア・ウインドーの形からR20系と推定した。ラップラウンドのフロントは前から見ると平面的で違和感があり、別の車のリア・ウインドーからの転用ではないだろうか。ボディは殆ど全部に手が加えられており、随分費用もかかっていると思われるが、外車を使わなかったのは“愛国心”か。

（1959年４月　静岡市紺屋町・グリル中島屋前にて）

1961　トヨペット・スポーツ（RS20ベースのカスタムカー）

久野自動車の依頼で濱素紀氏がデザインしたこの車は、日本では数少ない本格的なカスタムカーで、雑誌にも紹介されているからご存知の方も多いと思う。しかし、数台（6台？）しか作られなかったこの車を見た人は少なく、偶然カメラに収められた僕はラッキーだった。濱氏は月一回鎌倉で開かれる「西家鼎談」なる各界（主に自動車関連）のエキスパートから、その蘊蓄（うんちく）を拝聴する集いで、時々“美”について語られ、“曲線”については宮沢りえの写真集「Santa Fe」をテキストに使うなど、視野の広い方である。その折、僕の撮影した写真をお見せしたところ、街中で撮られたものは大変珍しい、とお褒め頂いた。クラウンのシャシーをベースにこれだけ低い車に仕上げたのは見事というほかない。写真では悪戦苦闘された幌骨の仕掛けが良くわかる。（1961年　東京・港区内にて）

1955−56　トヨペット・マスターRRセダン（関東自工製）

1955年1月、初代「クラウン」（RS）の発売と同時に、同じR型エンジンを載せた「マスター」（RR）がタクシー向けに併売された。耐久性重視の営業車を最初から設定して、乗り心地改善を図るといつもネックになる原因を元から取り除いたことは、戦後の国産車の向上にとって大きな決断だったといえよう。今まではタクシー向けはトラック・ベースからの転用のイメージだったが、マスターに限っては最初からタクシー向け乗用車として誕生し、クラウンがタクシーに進出してからは、マスター・ラインと名前を変えて商業車やトラック部門で多数活躍した。僕の見た限りでは殆どがトラックだったが、静岡ではタクシーには使われていなかったせいだろう。（1959年　静岡市内にて）

1958　トヨペット・コロナ（ST10）

今や覚え切れない程ある車種もこの当時は「クラウン」と「コロナ」のたった2つしかなかった。いずれも“C”ではじまるネーミングは、このあと伝統的に使われてきたから、興味があったらいくつ言えるか試されると良いだろう。「コロナ」からタバコを連想する方は高齢者のはずだ。「ピース」と並んで戦後を代表する銘柄だった。“礼文（れぶん）島の日蝕”だったらもう少し若いかもしれない。そう、コロナは日蝕のとき外側だけが僅かに残って出来る“金冠”の事でクラウンの“王冠”と対になっていたのだ。写真の車は初代コロナが発売された翌年のモデルで、外見上の違いはサイドモールが追加されただけだ。70円の小型タクシー市場でダットサンの対抗馬として登場したが、ずんぐりした印象から“だるま”と呼ばれた。ボディは関東自工製で前後ドアはマスターからの流用だ。（1958年　静岡市内にて）

1967　トヨタ1600GT ハードトップ（RT55M）

1961年デビューした「トヨタ・パブリカ」から始まってトヨペットを名乗らない車が次々と登場したが、1968年の「コロナ・マークⅡ」はまだ「トヨペット」となっていた。写真の車はコロナ系列だがその名は「トヨタ1600GT」で、その使い分けは僕にはいまいち良く判らない。2000GTの弟分として本格的なチューニングを受けたこの車は、外見が市販のファミリーカーと変わらず、うっかりすると見過ごしてしまいそうだが、コルチナ・ロータスと同じ“羊の皮を被った狼”の一族だ。クオータパネルの三角形のエンブレムやフェンダーのエア・アウトレットがその証しで、DOHC1587cc 110馬力のエンジンは最高速度175km/hが可能だった。値段が100万円と手頃な事もあって走り屋たちにとっては魅力一杯の車だった。（1979年　筑波サーキット駐車場にて）

1969　トヨペット・コロナ・マークⅡ1900SLハードトップ（RT72S）

ベストセラーのコロナの上級シリーズとして「コロナ・マークⅡ」が誕生した。1600（RT60系）と1900（RT70系）の２つで、「コロナ」と「クラウン」の中間をカバーする狙いだ。のちにコロナから独立して「マークⅡ」という一つの車名になったが、この時はまだ頭にコロナが付く“シリーズ名”にすぎなかった。写真の車は中でも最上位のタイプで最高速も値段も1600GTと同じだった。場所は小金井の免許センター付近で、東京の住民は書き換えの度に仕事を休んでここに来て、１日がかりで手続きをしなければならない時代だった。
（1969年６月　小金井市・運転免許センター付近にて）

1961　トヨタ・パブリカ（UP10）

1955年、将来の展望について通産省は「国民車構想」なるガイドラインを発表した。しかしトヨタではそれより１年前の1954年に独自で小型車の開発計画を始めており、空冷水平対向２気筒700ccのエンジンでFWDの試作１号車が、1956年８月には完成している。その後駆動方式をオーソドックスなF／Rに変更し、1960年10月晴海の第７回全日本自動車ショーでデビューしたが、その時の仮の名前は“トヨタ大衆車”と、そのものズバリだった。車名は公募され108万通の中から選ばれたのが「パブリカ」、パブリック・カーをつめた新造語だが、“仮の名前を英語化しただけ”と言ってしまえばそれまでだ。軽自動車並みの38万９千円で売り出されたが、実用本位の内外装は既に上級指向が芽生えていた「大衆」には物足りなかったのか、思ったように売れ行きは伸びなかった。
（1962年４月　東京・渋谷駅付近にて）

1965−67　トヨタ・スポーツ800（UP-15）

“ヨタハチ”の愛称でのお馴染みのトヨタ・スポーツ800は、59万５千円という手ごろな価格のお蔭でスポーツ指向の若者からは歓迎された。関東自工による空力ボディの効果は大きく45馬力の非力ながら最高速度は155km/hに達した。この車が1962年の自動車ショーではじめて公開された時は「パブリカ・スポーツ」という名前のショー・カーで、後の市販車と大きく違うのは、ドアが無くウエストから上は屋根ごとそっくり後にスライドする独特の発想だった。２年後再度ショーに登場したが、今度は市販車プロトタイプともいえるモデルで、普通のドアを持ち、屋根だけが取り外せる、いわゆる「タルガ・トップ」に変わっていた。（1966年２月　世田谷区・駒沢オリンピック公園にて）

1969　トヨタ・カローラ・ハイデラックス　4ドア・セダン（KE10）

1966年11月、トヨタの孝行息子「カローラ」が誕生した。1966年といえば既に１リッター級を中心にマイカーブームは浸透し、当面のライバル「サニー1000」をはじめ、「スバル1000」「コルト1000F／1100」「ファミリア・クーペ」のほか、800ccクラス以下軽自動車まで懐具合に応じた選択が出来た。質素にすぎたパブリカの失敗を教訓に相応の装備で大衆を納得させ、ライバルのサニーより排気量を100cc増やすことで相手に差をつけた「カローラ」は、発売と同時にベストセラーとなった。その上次々とバリエーションを増やしてユーザーの期待に応えて行ったから益々売上げは増え続け、発売後僅か３年５ヵ月で100万台が生産されてしまった。写真は初代モデルとしては最後の年のものだが、オリジナル当時のイメージをそのまま残している。（1969年６月　小金井市・運転免許センター付近にて）

1966　トヨタ2000GT（第3回日本GPワークスカー）

1964年、第２回日本GPが開催された年の夏「2000GT」の開発はスタートした。レースが目的ではない高級グラン・ツリスモを目指すが、GTレースに出た場合は勝てる素質を持った車、と方向づけられた試作１号車は1965年８月完成、その年秋のモーターショーに参考出品という形でお目見えした。翌年５月開かれた第３回日本グランプリには２台が出走し、１台が３位入賞を果たした。このレースは市販を前に高速・耐久テストの一環として参加したもので、レースの結果は目的外だったから、この入賞は関係者にとっては望外の喜びだったろう。余談だがGPへの参加費用は「実験費」から支払われたそうだ。写真は３位になった⑮細谷の車で、この角度から見るとジャガーEタイプもチョッピリ参考にしたかなと思ってしまう。
（1966年５月２日　富士スピードウェイ・第３回日本グランプリ〈GPクラス〉予選にて）

1966　トヨタ2000GT（速度記録車）

日産の「R380」に対してトヨタの「2000GT」という図式がなんとなく出来てしまっているが、それは両車ともにスピード記録に挑戦したからだろう。トヨタの方は後に市販された「GTカー」だから日産でいえば「フェアレディZ」がカウンター・パートのはずだが。日本GPや、その後の鈴鹿1000kmの好成績を追い風に、10月１日から４日にかけて谷田部のコースで国際記録に挑戦した。それは３昼夜かけて、16000キロを、平均時速200km以上で走るという過酷なものだ。結果、見事に完走し、挑戦した13項目はすべて国際記録（Eクラス）を更新、その内「72時間」「15000キロ」「10000マイル」は世界記録として「FIA」から公認された。この時走った車は前年のショーに展示された試作１号車そのもので、５月の日本GPに備えたテスト中に火災を起こしたが、そのあと速度記録挑戦車に作り直されたものだ。
（1966年11月　晴海・第13回東京モーターショー会場にて）

1966　トヨタ2000GT・スパイダー（007用スペシャルカー）

「2000GT」は市販される前に話題作りの車を３回も世に送り出し、いやが上にも期待感を盛り上げた。GP入賞、速度記録に続いて次の話題は「ボンド・カー」の登場だ。といってもお判りでない方のために、一寸説明すると、映画“007シリーズ”の主人公ジェームス・ボンドの愛車が「ボンドカー」で、第５作目の舞台が日本であることから、それまでのアストンマーチンDB５に代わってトヨタに白羽の矢が立った訳だ。２台のオープン・モデルが必要で、試作車の屋根を切り取って改造するための時間は１ヵ月もなかったから、現物合わせに近い方法で、フル回転の徹夜作業を行ない僅か２週間で仕上げた。映画は1966年７月から約２ヵ月間日本国内でロケが行なわれ、その後モーターショーで展示されたのが写真を撮れる唯一の機会だった。市販車にはオープンはないので貴重な記録だ。
（1966年11月　晴海・第13回東京モーターショー会場にて）

1967−68　トヨタ2000GT（MF10）（前期型）
（1969年11月　晴海・第11回東京オートショー駐車場にて）

前期型運転席

1969−70　トヨタ2000GT（MF10）（後期型）

最終生産型は1966年10月の第13回東京モーターショーで発表され、1967年５月から待望の市販が始まった。ヤマハの協力はエンジンなどの技術的な部分だけでなく、ピアノ、ギターなどで培った木工処理のノウハウが生かされたから、この車には最も重要な“豪華な仕上がり”にも大きく貢献している。エンジンはクラウンのM型をベースにした３M型で、６気筒 DOHC 1988ccから150馬力を発生し、最高速度は220km/hを誇る。価格の238万円は、同じ２リッターで最高速度205km/hのフェアレディの88万円に較べれば2.7倍もする。途中モデルチェンジは１回行なわれ、1969年８月以降はグリルの形が変わり「後期型」と呼ばれる。４年間で生産台数は僅かに337台（内輸出115台）だったから、希少価値があり外国のオークションにも登場する、世界に認められた車である。
(1977年１月　港区・東京プリンスホテルにて)

本田技研工業

静岡県は浜名湖の周辺から「ホンダ」「ヤマハ」「スズキ」と日本を代表する２輪メーカーを生み出した。その中の１つ「ホンダ」は、強い個性を持った本田宗一郎という個人が全面的にイニシアチブを取って来た集団で、イギリスの「ロータス」などとも似ている。今までの既成概念に囚われない独創的な発想が生まれるのは、基本が学問による“知識”ではなく、実戦による“経験”の積み重ねだから、応用の利いた運用が出来たのだろう。僕は本田宗一郎という人のこういう所が大好きだ。終戦までは自動車修理、ピストンリング製造を手掛けていたが、終戦直後、食料の買出しに近在まで遠出するさち夫人のために作った、通称“バタバタ”と呼ばれたエンジン付き自転車がこの道へ続く第１歩だった。初期の製品「カブ号」は自転車の後輪に装着するタイプで、勤務先に有ったのは真っ赤なエンジンと白いまん丸のタンクだったように記憶している。この項を書くに当って我が家にある古い映像から1983年（昭和58）11月放映されたNHKの証言現代史『本田宗一郎車社会への挑戦』を改めて見直した。そのなかで、彼が最初に感動したのは、1951年（昭和26）７月で、４サイクル146cc「ドリーム号E型」が完成し、土砂降りの中をテスト・ドライバー河島喜好（後の社長）が箱根をノンストップで頂上まで駆け上がった時だった。本田と藤沢は中古のビュイックで追いかけたが振り切られ、どこまで行ってもいないので谷底に転がり落ちたかと心配した、というよく聞くエピソードは、たしかにご本人が話していた。“これは一生涯の感激で、今考えても言う言葉もない。これで世界の仲間入りが出来る。３人でボロボロ涙を流して抱き合った。”としみじみ述べていた。当時の箱根街道は坂がきつく、途中で休憩しなければ登れない難所だった。もう一回は1972年（昭和47）「CVCCエンジン」が完成した時で“この時の嬉しさってのはホントに、河島社長にも、うちの従業員にもお礼を、本当に心から言いたかった。もう……嬉しかったことねー、世界ではじめての事が、とにかく大メーカーを差し置いて出来たということ。それからもう一つ”といって、中小企業時代には小規模であるがために合併させられそうになったり、大きくならなきゃアメリカにはかなわないとさんざん酷い目に逢わされたお役所の人たちの鼻を明かしてやったって言うと一寸まずいかもしれんけれど、と加えた。アメリカ環境保護局の検査をパスしたこのシステムは国内だけでなく、アメリカや外国のメーカーにもノウハウが提供された。僕が感心するのは他のメーカーが排出される有害ガスを触媒に反応させて基準値以下にするのに対して、燃料を完全に燃焼させることで排気ガスをクリーンにするという、その発想の素晴らしさだ。しかもこれはＦ１でいかにして馬力を増やすかを突き詰めた結果持っていたノウハウで、まさにＦ１は「走る実験室」だ。

「国民車構想」が通産省から示されたのは1955年５月の事だったが、本田宗一郎氏は“絶対の自信と納得を得るまでは商品化を急ぐべきではない”との信念からなのか、３年間は手を付けていない。

ホンダの４輪は1958年９月第３研究課が発足し、国民車構想にそった軽４輪の試作からスタートした。試作２号車は本田社長の指示でスポーツカーとなり、その後藤沢専務の提案でトラックの開発も始まった。後発のホンダとすれば、既存のメーカーと競合しない、しかも２輪で得た名声とノウハウが生かせて海外市場も狙える「スポーツカー」分野に目を付けたのは納得できる。面白いのは何故この時期に「軽トラック」が、という事だが、財布を預かる藤沢専務とすれば、確実に収益をあげ得る商品という全く違った視野からの発想だったと思う。

かつて「スーパー・カブ」がホンダの危機を救った時のように……。

1963　ホンダT360・軽トラックAK250

ホンダ４輪車の歴史を遡ればこの車が最初の市販車だ。その後のＦ１の活躍からは想像も出来ない程かけ離れたイメージだが、軽トラックと甘く見てはいけない。1962年のショーで発表された360cc軽スポーツの発売を期待していた大方の期待を裏切って1963年８月真っ先に発売されたのはこの軽トラックだった。しかしそのエンジンはスポーツカーS360と同様にDOHCだったから、354ccで30hp/8500rpmという高性能で、独立ブランチのエキゾースト・パイプもそれを裏付けている。軽トラックでありながら、なんと100km/hで突っ走るという、空前絶後の実力の持ち主はスーパー・トラックと称えたい。しかし大部分の一般ユーザーは只の軽トラックとしか見ていなかっただろう。ホンダ好きの僕は、このとてつもないスーパー・軽トラックから、いかにもホンダらしいポリシーを感じてしまうが、冷静に考えるとトラックのエンジンを別に開発しているだけの余裕が無かったのかも知れない。
(1981年1月　明治神宮外苑・絵画館前にて)

1961年５月通産省から「特定産業振興臨時措置法案（特振法）」といわれる、貿易自由化に備えた「産業構造再構築のための基本方針」が示された。それによると自動車メーカーの統廃合や新規参入が制限されることになるので、２輪メーカーの「ホンダ」は、この先「自動車」が作れなくなってしまう。法案成立までに何が何でも４輪車の実績を作ってしまおうという訳で、1962年１月出された指示は、６月５日までに、開発中の試作車を完成させ、軽４輪スポーツカー２台と、軽トラック２台を「４輪プロトタイプ」として全国ホンダ会で発表する、というものだった。実質４ヵ月半で予定の前日深夜、見事完成したが、皮肉な事にこの法案は1964年１月の国会で廃案となっている。

1966　ホンダN800　2ドア・セダン（プロトタイプ）

スポーツカーと商業車の２本建てで来たホンダが、初めて発表した乗用車が「N800」と名付けられたこの２ドア・セダンだったが、残念ながら市販はされなかった。エンジンはS800のデチューン版でツインキャブの65hp/7500rpm、グリルの中身も「エスハチ」と共通イメージだ。ボディの前半分は前年の９月から発売されたライトバン「L700」とそっくりだが、大きな窓はガラスを下げれば完全なピラー・レスのハードトップで中々スタイリッシュだった。ところが折角のこの後ろ半分はライトバンに形を変え、「L800」となってしまったから、ホンダから次の本格的な乗用車が発売されたのは、N600を除けば３年半も経った1969年５月の「1300」だった。（1965年10月　晴海・第12回東京モーターショー会場にて）

1967　ホンダN360（初代）＋1970　ホンダNⅢ360ツーリング（右）

（1985年４月　筑波サーキット駐車場にて）

1968　ホンダN360Mタイプ
「N360」から「ライフ」に至る「軽」の大ヒットは、ホンダの孝行息子として屋台骨を支え続けたばかりで無く、買う方も価格的に手に入り易かったから、若者にも大人気だった。だから、このクルマによって自動車の味を覚えた方や、今でも懐かしく思っている「元青年」も少なくないだろう。1966年のショーでデビューした初代のN360は、翌年３月東京店頭渡し31.5万円という価格で発売された。この価格は当時のライバルの、フロンテ（25hp）34.7万円、フェロー（23hp）38.5万円、ミニカ（21hp）36.8万円、スバル（20hp）34.8万円と較べれば、31馬力、115km/hというポテンシャルに対してはかなりのお買い得だった。価格設定の中に“狭山工場渡し”というのがあり2,000円安いのも嬉しい。これがきっかけで、「軽」の馬力競争は止まるところを知らず、最後にはリッター当り100馬力というレーシングカー紛いの物にまで発展した。p100下の写真右側は第Ⅲ世代のツインキャブ仕様高性能版モデルの「ツーリング」で、上の写真のモデルは初代のデラックス版「M」タイプ。（1969年６月　小金井市・運転免許センター付近にて）

1971　ホンダZ TS（推定）

ホンダならではのユニークな車がこの「Z」シリーズだ。1970年10月「空冷」のNⅢをベースにスタートし、1971年12月からは「水冷」のライフにベースを乗り換えた第2世代。そして1972年11月クオーター・ウインドーを巻き上げ式にし、ピラー・レスのハードトップとなった第3世代、Zには大別してこの3つがある。ライフがベースとなった第2世代からはホイールベースが80mm延びて2080mmとなったので一寸胴長の「ダックスフンド」風になったが、革靴をイメージする独特な雰囲気は変わらない。写真の車は空冷の第1世代で、「act」か「TS」のどちらかだが断定できない。（1973年　銀座にて）

1971　ホンダ・ライフ　2ドア・セダン（初代）

1971年６月、水冷エンジン付きの新型「ライフ」が、空冷のＮⅢと併売する形でデビューした。1970年代に入ると、それまでの熾烈な馬力競争から一転して、世間の“自動車公害論”も踏まえたクリーンなエンジンを目指す事となった。その結果誕生したのがこの車で、名前の通り「生活」に密着したタウン・ユースが目指す所だったから、デチューン版では一気に21馬力まで抑えられていた。Ｎシリーズより80ミリ延びたホイールベースのお蔭で室内も広くなったが、新たに４ドア・セダンが設定されたのは、懐の軽い「ヤング・ファミリー」にとっては一番の朗報だったろう。８年間で120万台も造られたこの軽シリーズは1974年10月をもって生産を終了し、次を普通車の「シビック」にバトンを託したから、ホンダの軽乗用車はしばらく姿を消した。写真の車のホイールと砲弾型ミラーは、オリジナルではない。（1985年４月　筑波サーキット駐車場にて）

1972　ホンダ・ライフ・ステップバン（VA）

実用に徹した仕様が不思議と魅力的で、一部のマニアから根強い支持を受けてきたこの車だが、元々商業車扱いだから乗用車中心の出版物の中にその資料は少ない。ホンダの軽にはNシリーズの時代からリアが垂直に近いライトバン仕様があり、それはライフ・シリーズにも引き継がれていたが、それとは別の全く新しいジャンルの車だ。「低い荷台」「高い屋根」「直線的な四角いボディ」「セミ・オーバーハング」という、最大限の室内空間を確保するための全てのアイデアを結集した結果生まれた形だが、これが又“あばたもえくぼ”で何処となく愛嬌があって可愛い。僕のアルバムには19種のステップバンの写真が貼ってあるが、趣味の対象となってからの物が多いので、それぞれに工夫を凝らしたドレスアップをしている。写真はそのなかで最もオリジナル性が良く保持されている車だ。（1982年５月　筑波サーキット駐車場にて）

1972　ホンダ・ライフ・ステップバン（VA）（我が家の車）
実は我が家にも一時期セカンドカーとしてステップバンが在籍していた。元々は息子がアルバイト先に通うために使っていたものだが、結婚して家を離れてからは、助手席はもっぱら愛犬“ウイリー”の指定席となり、少し離れた公園へ散歩に行く時などに重宝していた。屋根にサンルーフを付けたので“改造車”扱いとなり、アルミホイールに変えた時オリジナルを処分してしまったので、車検が通らなくて苦労した思い出がある。正面の「H」マークとステーション・ワゴン風のストライプで、空間を引き締めたセンスはいかがだろうか。
（1983年８月　千葉市・稲毛海岸付近にて）

1973　ホンダ・ライフ・ピックアップ（PA）
ステップバンは約１万７千台造られたが、ピックアップは僅か1132台しか造られなかったから、僕も２回しか写真を撮っていない。この車を見付けた時も、いまどきの女の子ではないけれど“カワイー！”と叫びたくなる程だった。兄貴分の軽トラックTNシリーズは“現場向け”のいかにもトラックといった逞しさを持っていたが、こちらはピックアップというだけあって優しい感じで“配達用”にぴったりだ。写真では荷台にシートが掛けてあるが多分純正ではないだろう。たまたま我が家に残っていた「パーツリスト」に、ターポリン（幌）というページがあり天蓋式の幌が載っていたが、その現物は見たことがない。（1984年７月　東名高速・海老名サービスエリアにて）

1971～73　バモス ホンダ4
見るからにユニークなこの車は、スペイン語で“レッツゴー”を意味する「バモス」と名付けられた。1970年10月16日発表されたはずだが、10月30日から始まった第17回東京モーターショーのガイドブックには記載がない。翌年のガイドブックではTNⅢシリーズをベースに30馬力エンジンを積んでいたが、次の年はベースがTN－Vシリーズに変わり、27馬力となった。しかしガイドブックの写真は２年とも同じものだった。タイプは「バモス ホンダ２」「バモス ホンダ４」「バモス ホンダ フルホロ」の３種類があり、いずれもガードパイプのみでドアを持たない。ミニ・モークやシュタイア・プフ（p177参照）のような、ミリタリー調というよりはフィアット・ジョリー（ビーチカー）のようなレジャー指向の高い車だが、当時はまだ「RV」というジャンルは無かったからトラックの扱いだった。（1985年９月　大阪・万博公園にて）

1963－64　ホンダS500
T360の項で触れたように、ホンダは４輪車の実績を作るため1962年秋の全日本自動車ショーにスポーツ360／500の２台を展示したが、残念ながら僕はそれを撮っていない。１年後の1963年10月発売されたのが、そのときのプロトタイプ「スポーツ500」を元に造られた市販型「S500」で、水冷直列４気筒、DOHC、４キャブの531ccから44hp/8000rpmを発生するエンジンは“時計のように精密な”と表現された。それでいて価格は45万９千円と予想をはるかに下回るものだった。因みにフェアレディ1500は88万円、スカイライン・スポーツは195万円で、スバル、ミニカ、スズライト、キャロルなどの軽乗用車は38～40万円だったから、その価格が魅力的だった事はお判りいただけよう。生産台数は1363台と非常に少ない。
（1981年５月　筑波サーキット駐車場にて）

1964−65　ホンダS600
S500がデビューしてから僅か３ヵ月後の1964年１月、エンジンをスケールアップした「S600」が発表され暫くは併売された。最高速度は15kmあがり145km/hとなり、実力を付けたこの車は、この年鈴鹿で開かれた第２回日本グランプリで、１～６位を独占するなどレースでの活躍が目立つようになった。この時優勝したのは無名の27歳のアメリカ人ロニー・バックナムで、彼はそのあとホンダF１のデビュー戦、８月のドイツGPにRA271（1.5リッター）をドライブする事になる。この車は約１万台造られたが、結構サーキットを走っているものが多いので、オリジナルをきっちり保っているのが意外と少ない。僕のアルバムの中でいちばん綺麗な１台を選んだ。
（1964年10月　港区・虎ノ門付近にて）

1964—66 ホンダS600 クーペ（AS285C）
僕はチッポケな車が好きだ。だからミッレ・ミリアで、見たことも聞いたこともない車に出逢った時などはバンザイしたい程うれしい。特に屋根付の場合は、その小ささ故に人が乗れる空間をいかに確保するかは興味あるところだ。「アバルト」の頭の部分だけを膨らましたダブルバブルは有名だが、この車もウインドーはロードスターより40mmも高くされている。ファストバックといっても後端を切り落とした、いわゆる「コーダトロンカ」だから、室内スペースは２＋２のようにかなり後まで高さがあり、やや軽快さに欠ける。しかしスタイル重視のスポーツカーに徹するよりも、もう少し別の狙いもあったように思われる。それはサブ・マフラーで排気音を下げたり、大きく開くテールゲートや広い荷物スペースを持つことで、ビジネス・クーペとして日常の足にも使える車に仕立てたかったのだろう。
（1966年７月　港区赤坂溜池・日英自動車横にて）

1966−70 ホンダS800（AS800）
1966年1月、791cc、70hp/8000rpmのエンジン付きとなった「S800」が登場した。エアクリーナーの大型化で、最高速は遂に160km/hに達した。4ヵ月後の5月には、チェーン・ドライブから一般的なシャフト・ドライブに変更されたが外見上の変化はボンネットにふくらみ（バルジ）が付き、ホイールの固定ボルトが5本足から4本足に変わった位だ。1968年2月からは対米輸出モデルの国内版ともいえる角型の大きなサイドマーカー付き「S800M」にモデルチェンジしたが、形式名はAS800で変わらなかった。写真は1967年型S800がレースでフェアレディ2000と競りあっているシーン。ハードトップは低く改造され、空気抵抗を減らしている。（1967年5月3日　第4回日本GP決勝・富士スピードウェイにて）

1962 ホンダ S360（レプリカ）
1961年、通称「特振法」と言われる法律が示され、自動車メーカーの新規参入が制限される恐れが出たため、それに対応して急遽つくられたのが「S360」「S500」と軽トラック「T360」で、1962年6月これを完成させ自動車メーカーの実績を作った。全日本自動車ショーに展示され大いに期待されたが、1963年市販されたのは「S500」だけで「S360」は実現しなかった。「S360」はホンダが“4輪に参入するにあたって軽自動車の枠で究極を求めたもので、自らの技術を確かめるための技術レースだった”と述べているので最初から市販は予定外だったかもしれない。2台造られたが解体され現存しない。写真のモデルは、2013年にスポーツカーの原点となった「S360」の復元を本田技術研究所の有志によって実現させたもの。オリジナルは存在しないので当時の図面や資料を基にS600のキャビンの一部とT360のエンジン、保存していたS360のオリジナル・パーツを使って、1台の「復刻版」がつくられた。全長2990mmは軽自動車の枠一杯で、S500よりお尻が300mm短くなっている。（2013年11月　有明・東京モーターショー会場にて）

1964−66　ホンダS600改（デイトナ風クーペ）

後姿は一見「デイトナ・コブラ」かと思わせるこの車は、フロントグラスやテールランプから推定して、ベースはホンダのS600・ロードスター（AS285）だろう。お手本のデイトナ・コブラは５ヵ月前の日本GPを走り、その迫力あるスタイルに僕らは魅了されたものだが、随分と早手回しに改造を仕上げたものだ。しかもデザインも仕上がりもなかなかの物で、非常によくできていた。この日はレースの見物に来ていただけだったが、僕の記憶に誤りがなければ、このあとレースでクラッシュしてしまったという記事を読んだように思う。

（1966年10月　「インディ・イン・ジャパン」富士スピードウェイ駐車場にて）

1969　コニリオMkⅡ・ロードバージョン（S800ベース）

「コニリオ」という名前はレース場に足を運んだことの無い人には馴染みがないだろう。しかし、レーシング・クオータリー製のこの車は富士チャンピオンシップでの優勝を引っ提げて1969年10月の日本グランプリに参戦し、堂々クラス優勝している。レースは３リッター超の大排気量を含む５クラス混合だったから、総合では12位と目立たなかったが、この車より速かったのはニッサンR382、トヨタ７、ポルシェ917/910/908、ロータス47GT、フェアレディSR311で、全く別世界の中での健闘だった。レースが出来る実戦力を持った数少ない市販車で、ベースのホンダS800はミッドシップの850ccに改造され、220〜230km/h出せた。写真の車はオープンのレーサーにルーフを付けたロードバージョンで、濱素紀氏によるその造形は今までかつて見たことのないユニークなものだ。あえて言わせていただけばその特異性はフェラーリ250の変わり種、“ブレッド・バン”にも匹敵する。（1970年３月　晴海・第３回東京レーシングカー・ショーにて）

1970　ホンダ1300クーペ9S

1969年５月に発売された1300シリーズは、ホンダにとって初めての普通の小型自動車だったからそれに対する意気込みは物凄く、次から次へと盛り込まれた特許・実用新案は実に203件にものぼった。だから「技術屋」からみれば満足度の高い納得のいく「作品」だったのかも知れないが、メーカー・販売店の意気込みとは裏腹に、一部のマニアを除いて一般大衆には理解されなかった。なぜなら本来はユーザーに気に入ってもらう車を作るための手段だったはずの「技術」が、「使いやすさ」より優先する「目的」として大きく前面に出てしまった為で、“一体構造二重壁空冷方式（DDAC）の独創的なエンジンです”といわれてもチンプンカンプンだ。ただこの失敗を教訓にしてホンダの体質が変わり、水冷エンジン搭載の軽自動車「ライフ」、小型自動車「シビック」、低公害の「CVCCエンジン」など次々とヒットを飛ばし、技術のホンダとして体質を確立した。シリーズにはセダンの「99」「77」と、「クーペ９」「クーペ７」があり、写真の車は４キャブ110hpの高性能版で、セダンとは異なった鋭い顔付きをしている。（1990年３月　筑波サーキットにて）

1923−4　カーチス・スペシャル・レーサー

この車は若き日の本田宗一郎氏がアート商会に奉公していた時に、ご主人を手伝って作ったレーサーだということは良く知られており、現物を見た事のある方も多いだろう。しかし、一般に知られるようになったのは、ホンダ・インターナショナル・スクールの生徒さん達の手で綺麗に修復された1979年より後のことだが、この写真が撮られたのはそれより13年も前の修復前のことだ。作られたのは1923〜24年（大正12〜13）で、エンジンは軽くて馬力の出る飛行機のものを、ということでアメリカの複葉機カーチス・ジェニーのＶ８・8.3リッター90hpを千葉の民間教習所から見付けてきた。シャシーや足回りには古いアメリカ車ミッチェルやビュイックが利用され、ホイールやボディは自作した。初期のものは軽量化のため後ろ半分は木骨羽布張りで、テールが長く突き出していたが、写真ではスチールに変わっており、ラジエターもシトロエンから転用されている。前輪がレーサーに似つかわしくないホワイト・ウオールを履いているのは、２つだけ物が無い時代に荷車用に譲ってしまったかららしい。
（1966年７月　横浜・ドリームランドにて）

1966　ブラバム・ホンダ　F2（BT-18）

写真の車は、F1と並行して1965～1966年大活躍したフォーミュラ2（F2）で、特に1966年シーズンは初戦からブッチギリの12連勝し、最終戦も0.7秒の鼻の差で完全優勝を逃した伝説の車だ。エンジンはホンダのF2用DOHC　4気筒　996cc「RA302E」で、150hp/11000rpmと言われ、ライバルには大きく差をつけていた。シャシーはブラバムBT18、ドライバーはこのシャシーの開発者ジャック・ブラバムとデニス・ハルムだったから、エンジン、シャシー、ドライバーと3拍子揃っていれば強いのは当たり前ともいえる。だがここまでやってしまうとレースの面白味は半減し、翌年からエンジンに規制をかけた新レギュレーションが採用され、ホンダは不参加を決めた。

（1966年11月　晴海・第13回東京モーターショー会場にて）

1968　ブラバム・ホンダ　FⅢ

写真の車は1968年11月３日に開かれた「鈴鹿フォーミュラ・レース」で１～３位を独占したブラバム・ホンダで、⑤番は２位となった車だ。RSCがフルチューンしたS800ベースのエンジンは874ccで100hp、最高速度も200km以上と書かれてあった。フォーミュラ・カーはフロント・エンジンから葉巻型になってからも、早く走るために年々工夫が凝らされたが、空力が着目されてからは様々な「ウイング」という形で見た目を楽しませてくれている。この年F１に出現したニューアイデアは、高い位置に付いたウイングで、早速弟分のこの車にも採用されていた。（1969年２月　晴海・第２回東京レーシングカー・ショー会場にて）

ホンダのフォーミュラ・カー開発の歴史は、1963年3月に英国からクーパー・クライマックスのＦ１を輸入したところから始まった。1964年２月初めて姿を現したプロトタイプ「RA270」は、クーパー・コピーのスペース・フレームに、Ｆ１では初めての横置きＶ12、1.5リッターエンジンを積み、色は本田社長がお好みの金色だった。実戦用の「RA271」はモノコックに変わり７月には完成して、８月２日のドイツGPに、ロニー・バックナムのドライブでデビューした。彼は数ヵ月前日本GPにS600で優勝したばかりで、Ｆ１は未経験だったから、最初の年はレース結果よりデータ集めが目的だったのだろう。３戦したが完走はなかった。しかし最後尾からスタートした初戦では最初の１周で３台抜き、ポテンシャルの片鱗を見せた。

２年目の1965年、シャシーは「RA272」となりモナコから参戦、次のベルギーGPでは、同年から加わったリッチー・ギンサーが６位に入賞して、ホンダにとってはじめての貴重な１点を獲得した。そして1.5リッター・フォーミュラの最終戦、メキシコGPを迎える。海抜2400mのため気圧が低く、難しいエンジン調整を見事に成功させたホンダは最初から独走し、ダン・ガーニーの猛追を振り切って、通算11戦目で見事初優勝を飾った。この日はバックナムも５位に初入賞した（1.5リッターＦ１の写真は残念ながら撮っていない)。

戦前ヨーロッパでレースに参加した国は「ナショナル・カラー」をもっていた。イギリス（グリーン)、イタリア（レッド)、フランス（ブルー)、ドイツ（シルバー)、ベルギー（イエロー)、アメリカ（白地に青ストライプ)、そして新規参入の日本は（白地に赤マル）とこの時に決まったのである。

1966　ホンダ3リッターF1（R273）

1966年からは排気量３リッター、重量500kg以上の枠でＦ１レースは幕を明けた。「RA273」と呼ばれた1966年型はホンダ製のモノコック・ボディに90度Ｖ12エンジンを縦に搭載した普通のレイアウトだった。９月イタリアGPでデビューしたがタイヤ・バーストで大破。その後アメリカGP、メキシコGPと年間で３戦したのみでメキシコではギンサー４位、バックナム７位だった。写真の車はホンダが独自で開発した「270系」としては最後のもので、⑫はギンサーのナンバーだがメキシコGPとは細部が異なる。複雑に取り回された排気管からもホンダらしいこだわりが伝わってくる。（1966年11月　晴海・第13回東京モーターショー会場にて）

1967　ホンダ3リッターF1（RA300・イタリアGP優勝車）
1967年シーズンのマシーンは引き続き「RA273」を使い、ドライバーはギンサーに代わってジョン・サーティースが加わった。開発能力に優れた彼の指示で車は見違えるように早くなったが、それでも初戦の南アGPから、モナコ、オランダ、ベルギー、イギリス、ドイツといずれも不振だった。ついに650kgもあるホンダ・シャシーに見切りをつけ、イギリスのローラの工場でインディー用の治具を使って６週間で作られたのが「RA300」である。シャシーで80kg、エンジンで20kg、軽くなったと言われるこのニューマシーンは９月10日モンツァで開かれたイタリアGPでいきなり「優勝」を勝ち取ってしまった。写真で見るようにこの当時はまだウイングを持たない単純な葉巻型だが、相変わらず排気管の取り回しは複雑だ。（1968年３月　晴海・第１回東京レーシングカー・ショー会場にて）

1968　ホンダ3リッターF1（RA302・自然空冷エンジン）
1968年の主力マシーンは「RA301」で元クーパーのデレック・ホワイトの協力を得て作られたフル・モノコックのボディは60kgも軽量化された。しかしホンダでは“空冷こそ自動車に最適のエンジンである”という宗一郎氏の持論を、“最高峰のテクノロジーを必要とするF1エンジンで実現する”という悲願を達成すべく、空前絶後のニューマシーンを作り上げてしまった。それが「RA302」と呼ばれるV8自然空冷（冷却ファンが無い）エンジン付きで、ノーズにラジエターが無い分空気抵抗が少ないとされていた。この車のことはレース直前までメイン・ドライバーのサーティースにも知らされていなかった、という事はレース結果に期待するよりデータ集めが狙いだったのだろう。雨のフランスGPにジョー・シュレッサーの操縦で出走したが2ラップ目にクラッシュ、炎上してドライバーは死亡した。ホンダの弱点はその過剰な創造力にあるともいわれるほどに、次々と他人がやらない事にチャレンジする「ホンダ・スピリット」の面目躍如たるマシーンといえよう。この結果はその後のホンダの空冷思想に大きな影響を与えたのである。（1969年2月　晴海・第2回東京レーシングカー・ショー会場にて）

東洋工業

創業は古く1920年（大正９）「東洋コルク工業」として広島に誕生、その後掘削機のメーカーを経て、車両メーカーとなる。1931年には初の市販３輪トラック「DA型」が誕生し、車名を「マツダ」と命名した。これは松田社長の名前とギリシャ神話の光の神アフラ・マズダー（Ahura Mazda）の両方から取られたもので、「マツダ」が英文で「MAZDA」になる謎の答えはここにあった。戦前市販されたのは３輪トラックだけで、４輪車が誕生するのは戦後の1950年（昭和25）１トン積小型四輪トラックCA型が発表になってからだが、僕が「マツダ」といわれて真っ先に思い浮かべるのはやっぱり「３輪車」で、つぎが「ロータリー・エンジン」と「ル・マンの活躍」だろうか。1984年以降「マツダ」と社名が変わったが、「東洋工業」の方は昭和の初めからずっと続いて来たから僕らには聞き慣れた懐かしい名前だ。

1953　マツダCTL1200

1938　マツダKC　３輪車

1959　マツダD1100／D1500　1～1.75トン積トラック

戦前にも４輪車の開発はしていたが、実際に市販されたのは戦後も大分経った1958年の「ロンパー」１トン積トラックが最初だった。発売からちょうど１年目の1959年３月「ロンパー」の改良版「D1100／D1500」が市販される事になったが、外観は殆ど変わらず、エンジンが空冷Ｖツインから水冷直列４気筒1139cc／46hp、1484cc／60hpに変わった。この丸みを持ったボディは当時のトラックとしては洒落ていてなかなかの物だと思うが、先端を絞り込んだデザインはこのまま３輪でも使えそうだ。（1959年　静岡市昭和町・辻菊旅館脇にて）

1959　マツダHBR（後期型）／MBR 3輪トラック

３輪車の歴史は古く、創世記のベンツやレオン・ボレーなど博物館で見ることが出来る。これらが３輪なのは“方向を変えたり”“力を車輪に伝えたり”する構造を簡単にするため考えられたものだ。しかし日本の場合、構造を簡素化するという狙いの他に、“狭い道路で小回りが利く”という日本の道路事情にマッチしたところも、広く普及した大きな理由と考えられる。マツダの３輪はロング・セラーの「Tシリーズ」がよく知られているが、その１つ前のモデルが、1958年初めて「丸ハンドル・独立キャビン」となった「HBR／MBRシリーズ」で、写真の車はワイパーがウインドーの下側に移り、ウインカーがボンネット上の移動した1959年型だ。Tシリーズと外見上の違いは、正面にメッキのグリルがないだけで、HBRとMBRの違いは僕には見分けられない。エンジンは空冷Vツインで、荷台長は８尺(しゃく)から13尺（１尺≒30.3cm）と各種あり、「全長制限無し」というお役所の大英断のお蔭で、荷台が４mもあるロング・ボディは、材木店、工務店等に重宝された。（1959年　静岡市内・静清国道にて）

1959　マツダK360　軽三輪トラック

360cc以下の軽３輪トラックは、２輪に代わって近回りの配送用に爆発的な売れ行きを見せた。もともと「オート３輪」はオートバイの後輪を１つ増やして後に箱を付けた物だから、オリジナルのレイアウトはバー・ハンドルでエンジンの上にガソリンタンクがあり、ドライバーはエンジンを跨いでサドルに座る。勿論キャビンは無く、オートバイそのものだった。しかし「マツダK360」は、軽でありながら、丸ハンドルに密閉式のキャビンを持ち、並列２人掛けで、運転席に座れば「自動車」のフィーリング充分だった。そしてそのスタイルが又なんとも可愛くて、僕のアルバムにも随分沢山の作品が貼ってある。手元に1959年第６回全国自動車ショーで貰ったカラーの絵はがきがあり、薄いピンクとグレーに塗られているのを見て、当時を思い出した。（1959年　静岡市追手町・静岡信用金庫本店前にて）

1959　マツダK360改　ロードスター

K360を見て可愛いと思ったのは僕だけでは無かったようで、スポーティなロードスターに大改造してしまった人がいた。写真ではいかにもオート３輪を思わせる野暮な幌とサイドカーテンで、大分印象を悪くしているがフル・オープンにした姿を見てみたかった。知らなければ、元がトラックだなんて思えない程スマートに見えたに違いない。何と言っても「ミッドエンジン」なんだから。
（1966年１月　豊島区東池袋・巣鴨プリズン跡付近にて）

1962　マツダR360　クーペ

この車が発売された1960年には、ライバルの軽自動車「スバル」「スズライト」がいずれも39万８千円だったから、いきなり30万円という破格の安値に世間はアッと驚いた。小さいとはいえ法規上は４人乗りだ。今考えればこの小さなボディで４人乗りなんてとても無理と思ってしまうが、まだ日本人は贅沢を言わない時代だったから、４人乗れればありがたいと思うくらいの感覚だったのだ。この当時の10万円の差は大変なもので、子供が小さければ狭いリアシートもなんのその、と購入を決意した人も多かったはずだ。それと「クーペ」というそのネーミングは自動車好きにとっては憧れを感じる響きがあったことは確かだ。発売の年７ヵ月で約２万３千台が生産され、スバルとともにマイカーブームの火付け役の一端を担った車だ。（1977年１月　港区・東京プリンスホテル駐車場にて）

1964　マツダ・キャロル360　4ドア・セダン

R360クーペが発売されてから約２年後の1962年２月、同じ軽自動車の兄貴分とも言える「キャロル」が発売された。高度成長期のこの２年の間に少しずつ贅沢に慣れ、自動車に対する要求も２年前とは変わってきたから、今度は大人４人のために充分なスペースを持った車だった。発売当初は２ドアのみだったが，1963年11月からは写真のような４ドアが追加された。「キャロル」の外見上一番の特徴はクリフカットと呼ばれる逆に傾斜したリア・ウインドーで、1958年のコンチネンタル・マークⅢや1969年の英フォード・アングリアで試みられた斬新なデザインだが、この車にとっての最大の利点はリアシートに充分なヘッドスペースを確保できる事だろう。エンジンは世界最小の水冷４気筒で、殆どがアルミで造られたのは放熱効果と軽量化を狙ったものだ。1970年８月生産終了までに約26万５千台が造られている。（1977年１月　港区・東京プリンスホテル駐車場にて）

1967　マツダ・コスモ・スポーツ（1967ショー展示車・試作最終モデル）（上）
1967　マツダ・コスモ・スポーツ（市販モデル）（下）

マツダのロータリー・エンジンについては思い出すことがある。それはまだ独身寮に居た1961年の事だった。マツダがドイツのヴァンケル・エンジンの開発を始めるというニュースを聞いて、ロータリー・エンジンこそ、ピストンエンジンに代わる次世代のエンジンだと信じた僕は、東洋工業の株を買った。株というものは一歩手前で買うのが潮時のようで、二歩も三歩も先に買ってしまった素人の僕は、損はしなかったがたいして儲からなかった。蒸気、ガソリン、ディーゼル、２サイクル、４サイクルの違いはあっても、何れもピストンの往復運動を回転運動に変えるという基本構造は“不変”のものだったから、往復運動が無く振動が少ない、エンジンそのものが軽量小型に出来る、とあれば夢のエンジンと思ったのも無理は無い。いざ開発を進める段になって全く前例のないシールの材質を解決するまでには困難を極めた。1963年10月のモーターショーでは、ロータリー・エンジンのみ２台出品され、翌1964年秋のショーで初めて「コスモ・スポーツ」として姿を見せたが、次の年もプロトタイプの展示だけにとどまり、1966年11月第13回東京モーターショーで、写真（上）の試作最終モデルを展示して、ようやく1967年５月から市販される事になった。
（上・1966年11月　晴海・第13回東京モーターショーにて／下・1967年12月９日　都電最後の日銀座４丁目にて）

1968　マツダ・ファミリア・ロータリークーペ
コスモ・スポーツは1176台しか造られなかったが、それでもロータリー・エンジンのスポーツカーとしてインパクトを与え、マツダの存在価値向上に充分な貢献を果たした。しかし採算面では量産ベースに乗せる必要があるので、主力商品の「ファミリア」に狙いを付け、1967年秋の東京モーターショーに「RX85」のプロトタイプを展示し、翌1968年7月から「ファミリア・ロータリークーペ」として発売した。ファミリアのエンジンは491cc×2で、100hp／7000rpm、最高速度180km/hの高性能を誇った。価格はコスモの148万円に対して、ほぼ半額の70万円だった。
（1969年2月　晴海・第2回東京レーシングカー・ショー会場にて）

1970　マツダ・ルーチェ・ロータリークーペ
1969年10月、マツダは「ロータリゼーション」3部作の締め括りに高級車バージョンの「ルーチェ・ロータリークーペ」の販売を開始した。これは2年前のショーでファミリアのプロトタイプ「RX85」と同時に展示されていた「RX87」が市販化されたもので、ベルトーネ（ジウジアーロ）のデザインだ。外観では三角窓の無いハードトップは日本では初めての試みだった。エンジンはひとまわり大きい655cc×2だったが、コンパクトさを生かしたフロント・ドライブで、プロペラ・シャフトが無いから室内にも余裕があった。価格は145／175万円とかなりの高額で、3年間で976台しか造られなかったから、とても珍しい車といえよう。（1980年5月　筑波サーキットにて）

三菱自動車工業

日本の自動車メーカーはルーツを辿って行くと飛行機に関わっていたところがいくつかある。自動車先進国の外国では、第二次大戦以前に、既に大規模な自動車メーカーが存在していたが、大戦中に国策で飛行機を造ったアメリカも開発は飛行機専門メーカーが行ない、工場施設を生かしてライセンス生産をしただけだった。

逆に日本の三菱、中島、立川、愛知や、ドイツのメッサーシュミット、ハインケルなどの航空機メーカーは、国の命運がかかった主力航空機の設計から生産までを一手に背負っていた代わりに、乗用車の量産とは全く無縁の存在だった。敗戦国となって、翼をもがれたこれらの航空機メーカー達が、少しでも経験の生かせる自動車造りを目指したのは当然といえよう。

先人たちがいかに素晴らしい存在であったかを示すため三菱が造った飛行機を列挙してみた。<海軍>九六艦戦、零式艦戦、烈風（艦戦）、九七艦攻、九六陸攻、一式陸攻、雷電（局戦）、秋水（ロケット局戦）、<陸軍>四式重爆飛竜、97司偵（朝日新聞神風号）、100式司偵、等々。いずれも傑作機とよばれる超一級揃いだったことを銘記しておきたい。

1955−61　三菱ジープ　2ドア・デリバリー・ワゴン（CJ3B−J11）
財閥解体で三分割された三菱重工業の一つ「中日本重工業」は、1952年からは社名を変更して「新三菱重工業」となっていた。技術提携先としてフォルクスワーゲン社を視野に検討していたが、1952年７月アメリカの「ウイリス社」と「組立下請契約」を結んだ。それは世界へ向けて販路拡張を図っていたウイリス社の思惑と、２年前発足した警察予備隊（保安隊→自衛隊）の装備にジープを大量に輸入したくても、外貨事情から無理なので国内で組立、生産を考えていた事とが結びついて実現したものだった。だから他社は技術習得が優先目的とすれば、この場合は外貨節約が優先していたともいえる。1953年２月「ウイリスCJ３A」をベースにした「J１」が完成し３月までに54台が林野庁に納入され、９月までに「J２」500台が保安隊に納入された。1953年７月には“技術援助及び販売契約”を締結し、本家以外に「ジープ」と命名できる権利を持つ唯一の会社となった。写真の車は、ウイリス「モデル４－75」の国産版で、ワゴンタイプとしてはわが国のルーツとなる初代モデルだ。まだ左ハンドルのままで、顔付もジープそっくりだし正面には“WILLYS”の文字が入っていた。（1958年　静岡市・県庁付近にて）

1951−52　ヘンリーJ（前期型）

戦後の自動車産業を欧米レベルに近づけるため採られたのが、技術提携とノックダウン方式による短期の習得だった。日産の「オースチン」、いすゞの「ヒルマン」、日野の「ルノー」は良く知られていたが、ここに採り上げた「ヘンリーJ」は知る人ぞ知るで、僕もこの写真を撮った時には「外車」だと思っていた。「三菱航空機」は「三菱重工業」となっていたが1950年３つに解体され、西・中・東日本重工業となった。その中の１つ「東日本重工業」が手掛けたのが写真の「ヘンリーJ」だ。元はアメリカのカイザー社が造った今で言うコンパクトカーだ。提携の契約は1950年９月で、日産がオースチンと提携した1952年12月より２年近くも早い。翌1951年６月には川崎の工場で組み立て第１号が完成しており、本国でも1951年型から発売なので、ほぼ同時進行の手際よさだ。ただこの車は通産省からは厳しい扱いを受け、左ハンドルは輸出用とされたから国内販売は輸入車並にドルがないと買えなかったらしい。写真の車は右ハンドルの日本仕様だが左ハンドルはどの位あったのだろう。（1958年　静岡市内にて）

1960　三菱500（国民車）

1955年、まだマイカーブームなどという言葉が生まれる以前の事、通産省が発表した“国民車構想”では、４人乗りで最高速度100km/h、燃費30km/ℓ、排気量350～500cc、価格25万円以下というガイドラインが示されていた。1955年７月の「スズライトSF」を手始めに1958年３月「スバル360」、1960年４月「マツダR360」などが「軽自動車」の枠で登場したが、“国民車”と銘打って登場したのはこの「三菱500」が最初だった。当時“軽”は360ccまでだったから、500ccのこの車には立派に小型自動車のナンバーが付いている。写真は発売初日に新車発表会の会場で撮影したもので“国民車”として大いに売り出そうという意気込みは、ボディの文字からも読み取れる。写真は初代の車で三角窓は無く、ダッシュボードには速度計が一つだけで、ヒーターもなかった。（1960年４月　静岡市追手町・駿府公園にて）

1961　三菱500・デラックス

三菱500は、ショーでの人気に引き換え売れ行きは伸び悩んだ。原因は色々あったと思うが、メーカー側とすれば量産開始直前の伊勢湾台風で出鼻をくじかれたのは痛手であった。限られた予算をメカにつぎこみ、その分内装を削った車は、僕らはさすが「ゼロ戦」を造った三菱らしいなどと、勝手な解釈をしていたが、一般的には性能、外観、内装ともに軽自動車とあまり変わらないとなれば、二の足を踏んでしまうだろう。それでもこの車を買った人が僕の上司にいて、写真は隣のセドリックと一緒にドライブに行った時のスナップだ。デラックスには三角窓とヒーターが付き、内装も手直しされた。グリルにも変化があり、三菱のマークの位置が高くなっているのが判る。余談だが、その昔スクーターで警察の庭を一回りして取った「2輪免許」が、いつの間にか360ccの軽自動車までの運転できる「限定免許」となっていたから、「普通車」の運転は出来ないそれらの人達からも敬遠されたかも知れない。

（1962年　神奈川県 湯河原温泉・菊屋旅館にて）

1963　三菱コルト600

1962年7月、いまいち人気の出なかった「国民車」500をベースに、一回り大きい594ccのエンジンと、見た目がスマートで乗用車らしいボディを組み合わせ、ネーミングも若々しい「コルト600」と名付けた車を発売した。実質は「500」のフル・モデルチェンジだが、1年前登場した国民車のライバル「トヨタ・パブリカ」の697ccに対抗したもので、BMW700にも似たボディはやや腰高だが、すっきりして好感がもてる。コルトのネーミングはこのあと三菱の小型車にずっと受け継がれていった。

（1990年1月　東京・レイルシティ汐留にて）

1966　三菱コルト800 スーパー・デラックス
コルト600を発売した後、ダイハツ・コンパーノ（1963年12月）、マツダ・ファミリア（1964年10月）と800cc級のライバルが次々と出現して来たため、三菱も遅れてなるものかと、1965年秋の東京モーターショーで「コルト800」を発表した。そのスタイルは国産初のファストバックで、当時としては斬新だった。ただしテールゲートではなかった。発売当初のエンジンは２ストローク、３気筒843ccだったが、２ストローク、３気筒と聞いてふと思い出したのは、1950年代のドイツ車「DKWゾンダー・クラッセ」に付いていた「３＝６」という不思議なマークだった。それは２サイクルの３気筒は４サイクルの６気筒に相当するという意味だそうだ。しかしこの理論は日本人にはあまり受けなかったようで、１年足らずで４ストローク、４気筒OHV977ccを積んだ「コルト1000F」が発売された。
（1965年11月　晴海・第12回東京モーターショー会場にて）

1964　三菱デボネア（プロトタイプ）

僕は「デボネア」と聞くと黒塗りの「社用車」か「ハイヤー」を想像してしまう。この車のカタログに白とかライトブルーのような、明るい塗装があったかどうか知らないが、1963年10月全日本自動車ショーでデビューして以来、殆ど変化も無く、話題にも上らず、ひたすら製造が続けて来られたのは、財閥特有の身内意識から、三菱系の傘下にある企業だけでも、好き嫌いに関係ない相当数の受け皿があったお蔭だろう。デザインはアメリカのハンス・S・ブレッツナーといわれ、フェンダーの上部が飛び出したフィン状になっているのは、1961年のリンカーン・コンチネンタルと同じアイデアだ。発売当時は目新しかったスタイルも、10年、20年変わらなければいい加減飽きが来るのは当然で、償却が済んで期待の次の新車がまたこれか、と車好きの社長だったらがっかりしたかもしれない。ショーで発表された時は「コルト・デボネア」とプレートに書かれている。
（1963年11月　晴海・第10回全日本自動車ショー会場にて）

1971　三菱コルト・ギャランGTO MR

どこのメーカーにも目を引く看板的な派手なモデルがあるが、三菱ではこの車がそれだろう。切り落とされた後端がちょっと跳ね上がった「ダックテール」を採用し、ニックネームは「ヒップアップ・クーペ・ギャランGTO」だった。「GTO」と聞けば自動車好きなら真っ先に「フェラーリ250GTO」が頭に浮かぶが、同時に高性能車を連想するだろう。グレードを示す「MR」は「Mitsubishi Racing」の略で、最上級のスポーツモデルに限定して使用された。その証拠には他のスポーツモデルのエンジンは「SOHC」だったのにこの「MR」という車に限って「DOHC」だった。
（2007年４月　トヨタ博物館にて）

1966　三菱コルト F3A（第3回日本GP優勝車）（上）
1967　三菱コルト F2A（第4回日本GP優勝車）（下）

1963年鈴鹿サーキットが完成し、第１回日本グランプリが開かれて以来、わが国にもモータースポーツが根付いた。第１回は殆どノーマルに近いツーリングカーが大部分で、レースの知識が皆無の素人集団だったから、コーナーではオーバースピードで横転する車が続出した。しかし翌1964年には早くも国産のフォーミュラ・カー「デル・コンテッサ」が外国のロータス、ブラバム、クーパー、ローラなどに混じって６位入賞を果たしている。1966年の第３回日本GPではフォーミュラ・カーはエキジビション・レースだったが、参加10台の内８台を国産車が占め、「三菱コルトＦ３Ａ」（写真上）が優勝した。展示車は⑤番のナンバーは同じだが塗装もホイールも違うようだ。翌1967年にはフォーミュラ・カーも公式レースとなりこの年も「三菱コルトＦ２Ａ」（写真下）が１、２位を独占した。参加16台はアロー・ベレット、ヨネヤマ・ベレット、デル・コンテッサ、レキソール・スペシャル等の国産車と、ロータス41、ブラバムＦ２の外国勢で、予選で２分30秒を切った10台が出走した。写真の⑩番は望月修選手がドライブする優勝車。
（上・1966年11月　晴海・第13回東京モーターショー会場にて／下・1967年５月　第４回日本GP・富士スピードウェイにて）

いすゞ自動車

いすゞ自動車の前身「有限会社石川島造船所」が設立されたのは自動車業界最古の1893年（明治26）のことで、創業はその40年も前の1853年（嘉永６）というから、ペリー提督の黒船が浦賀にやって来た年だ。「東京石川島造船所」が最初の自動車を完成させたのは1918年（大正７）のことで、１台購入したイタリア製の「フィアット」を分解して模倣した「レプリカ」だった。そのフィアットと、イギリスの「ウーズレー」の両社に提携を打診したところ、製造権、販売権一切でフィアット100万円、ウーズレー80万円だったので10年分割でウーズレーと契約した。

1922年国産ウーズレーが完成したが、コスト高でアメリカ製のビュイックなど中級車の２倍以上もしたから売れ行きは不振ですぐに製造は中止された。しかし折角身に付けた自動車製造の技術をトラックの製造で生かし、1918年制定されていた「軍用自動車保護法」の指定が取れれば補助金の交付が受けられるところに着目し、1923年「CP型トラック」を含めた契約に改訂した。このCP型トラックは1924年３月、保護自動車としての認定試験を無事にパスし、補助金が受けられる対象となった。この補助金はメーカーだけでなく、購入者にも「購入補助金」と「維持補助金」が支給されたから、売り易い車となるわけだ（ただし有事の際は陸軍が買い上げるという条件付だった）。

この直前1923年９月には関東大震災で深川の工場は灰燼（はいじん）に帰し全てを失ってしまったが、新工場再建を機に「石川島造船所・自動車部」と改称し部門として独立した。1926年にはウーズレー社との契約を解消し、独自の道を歩む事になったので、新しい車名を募集したところ、１万通を越える応募があり、その中から選ばれたのが工場の近くを流れる隅田川に由来する「スミダ」だった。

1929年（昭和４）には「株式会社石川島自動車製造所」として造船所から分離・独立した。その後「自動車工業」（1933／ダット自動車製造と合併）、「東京自動車工業」（1937／東京瓦斯電気工業と合併）、ヂーゼル自動車工業（1941）、と合併・社名変更を繰り返し戦後の1949年（昭和24）現在の「いすゞ自動車」となった。

「いすゞ」というネーミングは元々は1932年（昭和７）商工省制定の標準形式自動車のためつけられた名前で、それを製造していたので社名にしたというわけだ。「いすゞ」とは三重県の伊勢神宮の脇を流れる清流「五十鈴川」に因んだものだが、戦前・戦中に教育を受けた者にとっては伊勢神宮と五十鈴川は「神聖なもの」として特別な意味を持っていた事を加えておきたい。

戦後業界の「御三家」といえば「トヨタ」「日産」「いすゞ」といわれる名門で、1953年（昭和28）英国のルーツ・グループと提携し小型乗用車「ヒルマン」のノックダウン生産を始めるまでは、戦前戦後を通じて大型のバス・トラックが専門だった。

1929　スミダA4型（M型）バス
いすゞの前身石川島自動車製造所が作った純国産バスで、商工省標準形式の「いすゞ型」が出現する以前の主力車種だった。角の取れた丸みのあるボディは、当時とすればモダンなイメージだったのだろう。ローカル線を走っていた一昔前のガソリンカーを後ろにくっつけてしまったようで面白い。緑のボディに白帯を巻いた塗装は、「市営バス」に対抗して「青バス」と呼ばれていた東京乗合自動車のもの。バスといっても2.7リッターの40馬力で定員は14名という控え目なものだった。（1973年11月　くるまのあゆみ展にて）

1962　いすゞTSD40 4輪駆動バス
第二次大戦中の米軍GMC大型トラックのような顔を持つこの車は「いすゞ」の４輪駆動トラック「TW系」をルーツに持ち、主に急坂のある山間部に配置されていた。よく知られた「いすゞ」とはまったくイメージが異なるが、昭和30年代はまだ進駐軍が持ち込んだGMCの10輪トラックを覚えている人が多く、この顔付きから力強いイメージを受けたと思われる。ちなみに終戦直後には払い下げのGMCトラックを改造したバスが走っていた。（小金井市・江戸東京たてもの園にて）

1954　ヒルマン・ミンクスMｋⅥ

ヒルマンの国内生産期間は1953年から1964年まで10年以上続き、約５万８千台が造られた。旧型ボディのヒルマン・ミンクスMkⅥ、Ⅶ、Ⅷは数も少なく部品の国産化も一部にとどまっていたから、ほぼノックダウン生産で、本国製と見分けがつかない。写真の車は最初の国内組立モデルの「MkⅥ」で本国ではコンバーチブルやハードトップもあったが、国内版は４ドア・サルーンのみだった。（1959年　静岡市追手町・県庁付近にて）

1955−56
ヒルマン・ミンクスMkⅧ

旧ボディとしては最後のMkⅧで、丸っこい全体のイメージは変わらないが、サイドモールは後ろまで一杯に延び、MkⅧAと呼ばれる２トーンの塗り分けもあった。グリル内が細かい縦線に変わり、太目の横バーで引き締めている。ノックダウン生産をしたメーカーの中で、ヒルマンは一番モデルチェンジが多かったのだが、僕自身はこのモデルまでは輸入車だと勘違いしていた。ヒルマンの場合は「日産オースチン」や「日野ルノー」と違って「いすゞヒルマン」とは呼ばれていなかったせいかも知れない。
（1966年７月　原宿駅付近にて）

1959　ヒルマン・(ジュビリー) ミンクス・スーパーデラックス

1957年型からフル・モデルチェンジされ、ニュー・ヒルマン・ミンクス　シリーズⅠとなった。写真の車はその３代目1959年のシリーズⅢで、この年はヒルマンの創立50周年にあたるので「ジュビリー」の愛称が付けられている。1958年10月以降は純国産となり、日本の実情に合わせた独自の変更も加えられながら毎年モデルチェンジを続け、1964年６月までに約６万８千台が造られた。このシリーズのスタイルは嫌味の無い好感度の高いもので、明るいパステル・カラーの塗装や内装から女性向けと言われるほどだった。
(1959年　静岡市内札の辻・住友銀行横にて)

1967　いすゞ・ベレット エキスプレス (KR10V)

スポーティな「ベレット」調のデザインに、ピックアップ・トラック「ワスプ」を合体させて1964年に登場したのが「ベレット・エキスプレス」である。車種はライトバン扱いの4ナンバーだったが、無骨なトラックと違い、顔付きからは乗用車「ベレット」の雰囲気が漂い、休日はマイカーとして充分通用した。しかし“下半身”は「ワスプ」だから実質はトラックとしてのスタミナと頑丈さを兼ね備えていた。現代なら「ベレット・ワゴン」とでも呼びたい車だった。

1963　いすゞ・ベレット1500GT　スポーツ・クーペ（プロトタイプ）
1966　いすゞ・ベレット1600GT　スポーツ・クーペ

アルファロメオに「ジュリア」と「ジュリエッタ」があるように「ベレット」の場合は兄貴分の「ベレル」があった。ヒルマンで得た技術を生かして1962年４月から販売された中型車だったが、直線を主体としたスタイルには、これといった特徴も無く“軽快さ”も“重厚さ”さも感じられなかった。得意のディーゼルエンジンを載せた廉価版を発表した事は、結果的には全体のイメージから益々高級感を失わせてしまった。車名はいすゞ（五十鈴）を分解して鈴＝Bell、五十＝ローマ数字でL→エル→ｅｌとなった。申し訳ないが僕はベレルの写真を１枚も撮っていなかった。それに引き換え、1963年６月に発表されたベレットは、その年秋のモーターショーでスポーツバージョンのプロトタイプ「1500GT　2ドア・クーペ」を発表し若者の心を捉えた。翌1964年４月市販された時は、排気量が1579ccに増やされ、「1600GT」となって登場した。最高速は160km/hで、操縦性に優れ、レースシーンで大活躍したGTカーの草分け的存在だ。
（上・1963年11月　晴海・第10回全日本自動車ショー会場にて／下・1965年11月　晴海・第12回東京モーターショー会場にて）

1966　いすゞ117スポーツ（プロトタイプ）

1966年３月スイスのジュネーブ・ショーでカロッツェリア・ギアのスタンドに登場して話題になったのが、「ギア・いすゞ117スポーツ」だった。デザイナーはジウジアーロで、トリノ工場の職人によって手造りされたこの「ショーカー」は、７月のイタリア国際自動車エレガンス・コンクールでも受賞し、10月には東京のモーターショーに展示され，大反響を呼んだ。但しこの展示車は右ハンドルで、オリジナルの平仮名で「いすゞ」と入ったエンブレムは「狛犬」に変わっていたので、より市販車に近い。ベレルの時とは一転して、非の打ち所のない、流れるようなイタリアンスタイルは、先入観抜きで思わず見とれてしまった。ベレットより一回り大きく、完全な４シーターでありながら、スポーティさを失っていない見事なファストバックだ。発表されてから２年半も待たされたが、1968年12月から「いすゞ117クーペ」と名前を変えて市販が始まった。価格は172万円で、ライバル達は、トヨタ2000GT（236万円）、シルビア（120万円）、トヨタ1600GT（100万円）、フェアレディ2000（86万円）、スカイライン2000GT（86万円）、ベレット1600GT（85万7千円）だったが、OHC 1584cc 120hp／6400rpmのエンジンは、最高速度190km/hが可能で、内・外装、性能の３拍子揃ったこの車には相応の値段だろう。
（1966年11月　晴海・第13回東京モーターショー会場にて）

1966　いすゞ117セダン（プロトタイプ）

「いすゞ117」には「セダン」も試みられていた事を知る人は少ないだろう。プロトタイプは「クーペ」と同じ「ギア」の手でデザインされ、1966年11月の第13回東京モーターショーで上のモデルと同時に日本にお披露目され、翌年ほぼ同じスタイルで「フローリアン」として発売された。（1966年11月 晴海・第13回東京モーターショー会場にて）

1969　いすゞ117クーペ（初代市販車）
初期のモデルは、後期モデルと異なり小型のテールランプが特徴。（1970年３月　晴海・第３回東京レーシングカー・ショー会場前にて）

ダイハツ工業

ダイハツの歴史は1907年（明治40）大阪で設立された「発動機製造」から始まる。世界的には第一次世界大戦の経験から輸送手段として自動車の重要性が高まり、わが国でも1917年（大正６）軍用自動車保護法が作られたが、1919年に大阪砲兵工廠の依頼で２台の軍用自動貨車を作ったのが、この会社としては自動車製造の第１号という事になる。この時は「発動機製造」としては設計図から主要部品の材料まで一切を支給され、設計には関わっていないから、戦後のノックダウン方式に近いものだろう。しかし時代は自動車産業黎明期のことで、この経験はその後のオート３輪製造技術に大きな影響を与えた事は確かだ。この会社は戦後の1951年（昭和26）に「ダイハツ工業」と一度社名変更しただけで現在に至っており、非常に長い歴史を持っているにも拘らず社名の変わらない珍しい例だ。僕は「ダイハツ」の由来を勘違いしており、多分旧社名が「大日本発動機」で、それを縮めたものだろうとおもっていたら、「大阪」の「発動機製造」がそのルーツと思われるが、戦前から三輪自動車の商標として「ダイハツ」を使用しており、親しまれているその名称を社名にしたという。

1932　ダイハツ・ツバサ号（オート3輪）
戦前から終戦直後、街中の輸送手段の主力だったオート３輪の典型的なスタイルが写真のようなタイプだった。この車がそうかは定かでないが、古いオートバイは今のスクーターのようなイージードライブと違い、スロットルはグリップではなく指で動かすレバー操作で、クラッチはペダル、シフトもギアボックスから出た長い棒を手で操作する、殆ど自動車と同じ感覚だった。ただ、始動はキックで自転車のペダルのような感じだった。運転者のシートは皮製のサドルで、写真では見えにくいが左側に助手席が付いていた。写真の車は1931年に初めて市販された初代「ツバサ号」の1932年型で、この基本スタイルは戦後の1950年型SSHでも殆ど変わらない。タンクに大きく「ダイハツ」と書いてあるが、社名はまだ「発動機製造」の時代で、車名には古くから「ダイハツ」を使用していたようだ。（1973年11月　くるまのあゆみ展にて）

1961　ダイハツ・ミゼット（DSA）

昭和30年代を代表するダイハツといえばやっぱりミゼットだ。丁度家庭用のテレビが普及し始めた頃で、白黒テレビでよく見たのが、大村昆さんの出るミゼットのCMだった。1957年８月から発売された、スクーターとオート３輪の特徴を持った初期型のミゼット（DKA）はバーハンドルだったが、オートバイやスクーターで荷物の配達をしていた当時の商店などのユーザーから見れば、雨に濡れない、荷物が沢山積める、小回りが利く、何処でも駐車できる、など良い事尽くめで大ヒットした。1959年11月改良型（DSA）が発売されると同時に一気に20％も値下げして18万４千万円というスクーターやオートバイ並みの値段で売り出したから、軽免許しか持たない商店の経営者も、大いに購買欲をそそられたに違いない。（1991年　新橋・レールシティ汐留にて）

1965　ダイハツ・コンパーノ・スパイダー（ショー展示・試作最終モデル）

オート３輪、商業車で実績を挙げていたダイハツだが、４輪乗用車への進出には慎重で、イタリアのヴィニアーレがデザインした「コンパーノ」も、1962年秋の東京モーターショーに最初に登場したときは「ライトバン」で、翌年５月発売された時に追加されたのは「ワゴン」だけだった。その６ヵ月後になって、ようやく純乗用車の「２ドア・ベルリーナ」が発売された。写真の車は第11回東京モーターショーに展示された「スパイダー」のプロトタイプで、翌1965年３月から市販されバリエーションに追加された（1964年９月　晴海・第11回東京モーターショー会場にて）。

1966　ダイハツP3

1966年5月富士スピードウェイで開催された第3回日本グランプリの予選は土砂降りの中で行なわれた。2台参加したダイハツP3は大排気量に混じって16台中7、8位で、後にはロータス・エリート、トヨタ2000GT、ジャガーE、ポルシェ・カレラ6など、8台が控えている、という信じられない成績だが、これは皆レインタイヤが無い状態で走った為で、真の実力通りではない。本番のレースでは⑤番のP3が総合7位で完走し、アバルト・シムカ、ロータス・エリートを抑えてクラス優勝した。写真は雨のプラクティスで、後に⑥番のポルシェ・カレラ6を従えてコース・インする⑤番（吉田拓郎）と、水煙をあげてホームストレートを駆け抜ける③番（九木留博之）のP3だ。ダイハツ・コンパーノのシャシーに、高度にチューンアップしたDOHC1.3リッターエンジンをのせ、空気抵抗の少ないボディを被せたのがこの車で、フロント・エンジンだが、ドライバーの後方にはミッドシップ・エンジンにしてもいいくらいスペースが空いている。（1966年5月2日　第3回日本グランプリ予選・富士スピードウェイにて）

富士重工業

富士重工業のルーツをたどれば、第二次大戦中は「隼」「疾風」「呑竜」などの傑作機を生み出した名門航空機メーカー「中島飛行機」で、創業は1917年（大正６）の「飛行機研究所」まで遡る。

戦後は財閥解体で12社に分割され、それぞれ「富士工業」「富士自動車工業」「東京富士産業」などと名前を変えていたが、1953年７月、これら５社が出資して「富士重工業」を設立した。1955年４月には「富士重工業」を存続会社として出資５社を吸収合併し、６つの会社が１つにまとまったが、解体時荻窪工場を引き継いだ「富士精密工業」はこの時既に「たま自動車」との合併計画が進んでいたので参加せず、のちに「プリンス自動車工業」となった。車名「スバル」は牡牛座の星座名（日本語）から採ったもので、肉眼で見える星が６つある所から、この「６つの会社の合併」になぞらえて試作１号車（P-1）に「すばる1500」と命名されたことが最初だという。

1955　スバル1500　4ドア・セダン（試作車P－1）　（1959年　銀座７丁目・交詢社通りにて）

1955 スバル1500 4ドア・セダン（試作車P－1）

旧伊勢崎工場の「富士自動車工業」では解体後はバスのボディを造っていたが、1951年1.5リッターエンジンの開発に成功した旧荻窪工場の「富士精密工業」から乗用車造りの話を持ちかけられたのをきっかけに、「P－1」計画と名付け1952年10月から「大宮富士工業」と共に試作を開始した。モノコック・ボディ、前輪独立懸架の中型６人乗りは、当時の国産車では他に例の無い画期的なものだった。1955年３月試作第１号車が完成したが、その頃エンジン提供者の「富士精密工業」が「旧たま自動車」と合併する事でエンジンの提供が打ち切られ、「大宮富士工業」で開発中のエンジンの完成を待ってこれに変更した。そんな訳で、合計20台造られたP－１の試作車のエンジンは、11台が「富士精密工業製」、残りの９台が「大宮富士工業製」だった。この車は20台しか造られなかった試作車だが、その内の14台はナンバーを取り、６台は太田、伊勢崎、本庄市内のタクシーに、残りの８台はメーカー自身が耐久テストを兼ねて自社で使用していたから、僕にも東京の街で見かける機会があった訳だ。
（1959年　銀座７丁目・交詢社通りにて）

1958 スバル360増加試作型（K-111）

「P－１」試作小型乗用車の市販を見送った富士重工業は、それに代えて「K-10」と名付けられた「軽自動車」の開発を始め、1957年4月には試作1号車が完成、数々のテストを経て翌1958年3月3日、「スバル360」と名付けられた新車が発表された。5月から伊藤忠がディーラーとなり販売を始めたが、50台が1ヵ月で完売した。発売価格は42万5000円だった。同じ1958年型でも7月から発売された「後期型」は量産とコストダウンに配慮した改良が各所に施された完全な「量産型」となったが、「前期型」については「増加試作型」と呼ばれ、名前の通り「試作車」を取りあえず市販したものだろう。「前期型」は三角窓が無く引き戸である事と、リアクオーターパネルのエンジン冷却用通気口が左のみで右にはないのが外見上の特徴である。

1958　スバル360（初代てんとう虫）

「てんとう虫」と呼ばれた日本の傑作車「スバル360」は、価格が手頃だったのでようやく庶民の手の届く存在となり、「便利さ」「楽しさ」を知った日本の社会に自家用車を普及させた功績は大きく、アメリカの「フォード」というよりも、むしろイギリスの「オースチン・セブン」に匹敵するといえよう。1955年12月、既に合併して富士重工業 伊勢崎工場になっていた旧富士自動車工業では、試作車の経験を生かした次の計画がスタートした。この計画では、当時富士重工業のヒット商品だった「ラビット・スクーター」２台半の重量を目標にしたが、グラム単位で目方をそぎ落とすところは、前に読んだ三菱の「ゼロ戦」設計秘話と同じで、さすがは元飛行機屋と感心した。余談だが、僕は昭和37～38年頃仕事で長野におり、氷点下でエンジンが掛からない時はみんなで押しがけをしたが、鉄板が薄くてお尻の辺りが時々凹んだ記憶がある。写真は発売後間もなくの撮影だが、三角窓があるので、７月から発売された最初の量産モデル1958年後期型（EK-31）と思われる。
（1958年　静岡市追手町・公会堂横にて）

1966　スバル1000 スーパーデラックス・4ドアセダン

「スバル360」が国民車構想を踏まえたミニマム・カーで、空冷２気筒２サイクルのリア・エンジン、リア・ドライブというレイアウトだったのに対して、1966年５月から発売された「スバル1000」は、全ての点で違っていた。すなわち水冷 水平対向４気筒４サイクル977ccでフロント・エンジン、フロント・ドライブだった。800～1000ccクラスにはトヨタ・パブリカ／カローラ、日産サニー、マツダ・ファミリア、三菱コルト、ダイハツ・コンパーノ、スズキ・フロンテとライバルがひしめく激戦区だった。しかし「スバル1000」は、Ｆ／Ｆの利点を生かした１クラス上の広い室内スペース、軽量化による優れた動力性能と操縦性、時代を先取りした独特なメカニズムなどが高く評価され、着実に売上げを伸ばして中型車市場に定着した。初期型のスタイルが一番で、モデルチェンジの度に軽快さを失っていったように思う。この車の第一印象は一寸お尻が上がっていたせいかシトロエン２CVをイメージした記憶がある。
（1969年６月　小金井市・運転免許センター付近にて）

鈴木自動車工業

この会社のルーツは遠州（今の浜松市）に誕生した「鈴木式織機製作所」で創業は1909年（明治42）と古く、戦前は織物の機械を造る会社だった。しかし創立者鈴木道雄は、織機以外の事業への可能性を求めて、戦前の1936年（昭11）からオースチン・セブンを手本に小型車の試作を始め、1939年には数台が完成したが、折から戦争による軍需が優先する時期にかかり、自動車の開発は続けられなかった。戦後は浜松付近に沢山あったバイク・メーカーのための小型２ストローク・エンジンの製造から始まって、1954年自社製の２輪車「コレダ号CO型」（４サイクル・90ccエンジン）を発売、自動車メーカーへ向かっての第１歩を踏み出した。1954年６月社名を「鈴木自動車工業」と変更したのは、同年１月から４輪自動車の研究を始めていたからだろう。1955年５月に通産省の国民車構想が出された直後、同年10月に本格的な軽自動車として「スズライト」が発売され、以降ずっと軽自動車を主力にした経営方針は、フロンテ、アルトとヒット作を次々と生みだし、歴代の「ワゴンR」の大ヒットや、ハスラーにつながっている。

1956　スズライトSS２ドア・セダン
戦後再び乗用車の開発にあたって参考にしたのは、フォルクスワーゲン、ロイト、シトロエン２CVで、最終的にはロイトの影響を大きく受けたと言われる。1955年10月「スズライト」はセダン（SS）、ライトバン（SL）、ピックアップ（SP）の３種を同時に発売した。しかし当時は月産３台～４台の規模であり、量産化のため1957年５月一番需要の高いライトバンを残し、セダンとピックアップは生産中止となった。写真の車は、その生産中止となった「セダン」だから、古いスズライトの中でも特に珍しいものだ。16インチの大型タイヤで三角窓ありは1956年６月から僅か半年しか造られなかったはずだ。（1958年　静岡市・静岡駅前にて）

1957　スズライトSL ライトバン

スズライトのベストセラーとして生き残ったのがライトバン仕様のこのモデルで、デザインは当時としてはなかなかのもので今見ても半世紀以上も昔の車とは思えない程だ。機能的には現代のファミリーカーの標準、F／Fでテールゲートを持ち、後部座席を倒せば荷物室になるというスタイルは、初期のスズライトで既に確立していたからその多用性が歓迎されたのは肯ける。スズライトがF／Fを採用したのは貨客混合のライトバンにとって大正解で、リアエンジンだったら4CVで大ヒットしたあのルノーでさえもライトバンへの改造は出来なかった。写真で見るように全体の印象が「貨物」ではなく「乗用車」風で、1950年代初期のプレーンバックのような後姿もよくまとまっているが、右ヒンジで冷蔵庫のように開くリアドアは、今なら跳ね上げ式だろう。1959年の雑誌広告には“軽自動車免許（スクーター同格）で乗れます。保険料は年間800円（小型自動車は2,410円）です。税金は年額1,500円（小型自動車は16,000円）です。”とあった。（1958年　清水市内にて）

1964　スズライト・フロンテ800　2ドア・セダン（プロトタイプ）
自動車メーカーになったからには、自動車を作りたいと思うのは無理からぬところで、「軽」の付かない“税金の高い”小型乗用車へのアプローチは、1962年第９回全日本自動車ショーに展示された謎の車から始まった。角型ライトの角ばったスタイルで、排気量その他一切公表されなかったからダミーだったのかも知れないが、試作車ＨＡＸとして、フロンテ800の系譜の最初にある。翌1963年第10回のショーに登場したのが写真の車で、市販車と殆ど変わらない最終プロトタイプだろう。その証拠には車の前に置かれたプレートに“明年発売”と書かれていた。エンジンは水冷３気筒２ストローク785ccで、DKWによく似たエンジンと言われると「３＝６」（２ストロークの３気筒は４ストロークの６気筒に相当する）というDKWのキャッチコピーを思い出してしまう。
（1963年11月　晴海・第10回全日本自動車ショー会場にて）

1969　スズキ・フロンテSS360
1967年４月、伝統だったF/F方式から一転して、R/Rになった「フロンテ360」を発売した。という事はライトバンを視野に入れない純乗用車として設計されたものと思われる。ライトバンが歓迎されたスズライト誕生の頃とは違って、生活にゆとりの出たユーザーの要望が変わって来たせいもあろう。この目論見は当り、1969年には商業車を上回る12万台も生産された。この時期「軽」のスポーツ化と馬力競争は熾烈（しれつ）で、ダイハツ、ホンダ、などのライバルと鎬（しのぎ）を削ったから、360ccからレーシングカー並の36馬力を搾り出し、最高速は125km/hに達した。写真左はフロンテSS360のレーシングバージョンで砲弾型のバックミラーやバンパーは外されている。右はシキバエンタープライズから発売されたアクセサリーキットを装備した「レーシングメイト」仕様のフロンテSS360。
（1969年２月　晴海・第２回東京レーシングカー・ショー会場にて）

日野自動車工業

この会社はいすゞ自動車の前身「ヂーゼル自動車工業」の日野製造所が1942年（昭和17）5月に“分家”して出来た「日野重工業」からスタートしている。戦時中は装甲車やトラックなどの大型軍用車両の製造にあたり、戦後1946年（昭和21）3月「日野産業」、1948年（昭和23）12月「日野ヂーゼル工業」と社名を変えて大型バス、トラックで確実にシェアーを確保していった。大型車で業績が安定すれば、乗用車部門に手を出したくなるのは当然で、ノウハウ習得のため選んだのがフランス・ルノー公団の4CVだった。結果的には、自前の「コンテッサ」シリーズを造ったが、1966年の秋にトヨタ自動車との業務提携により、乗用車部門から撤退することになってしまった。しかし得意の大型トラック部門に専念したお蔭で、今でも街ですれ違う大型車の多くはHマークが付いた日野製だ。

1965 日野コンテッサGT プロトタイプ（1965年11月　晴海・第12回東京モーターショーにて）

1954　日野ルノー4CV（PA55）（1959年　静岡市両替町にて）

1954　日野ルノー4CV（PA55）（上）／1956　日野ルノー4CV（PA56）（下）

国内生産のルノーは大抵の場合親しみを込めて「日野ルノー」と呼ばれたから、外車のような国産車のような存在だったのは、殆どの人が外車だと思っていた「ヒルマン」とは違っていた。1953年４月から1963年８月の製造中止までにグリルの変化は３回ある。初代６本ヒゲ（1953年～）、２代目３本ヒゲ（1954年～）、３代目３本ヒゲが左右でつながる（1956年10月～）。写真143ページと上は第２世代の1954年PA55で、よく見ると、バンパーとボディが離れている。これによって全長を3610mmから3845mmに延ばしたのには重要なわけがある。当時の“道路交通取締法施行令”では全長が3.8m以下だと最高速度が10km下げられてしまうので、このモデルからは張り出しをつけてクリアーしていたのだ。この４CVはかなりの数がタクシーとして走っており、小型車は初乗りが60円だったように記憶している。（写真上・1959年　静岡市両替町にて／写真下・1958年　静岡市追手町にて）

1958？　日野ルノー4CV改

横から見たら初期のコルベットかと思ってしまいそうなこの車は日野ルノー4CVからの改造車だ。デザインも仕上げも垢抜けており、同じ4CVを改造した初期のアルピーヌより引き締まった仕上がりは申し分ない。全く原型を留めていないこの車のフロントウインドーは、ヒルマンのリア・ウインドーからの転用だろうか。一品製作ではなく「共進ルノー」という所でかなりの台数を造ったようで、配色が写真の車とは逆な白いボディの静岡ナンバーの車も僕のアルバムには貼ってあるが、それにはフェンダーに「KyousinCustom」とあった。このヨーロッパ風のなかなか味のある石畳は、前方に積まれているコンクリートに敷き変えられる予定らしいが、この場所が何処だったのかはどうしても思い出せない。フィルムの流れでは六本木の俳優座劇場から虎ノ門のアメリカ大使館までの何処かのはずだが…。（1961年4月　東京・港区内にて）

1961　日野コンテッサ900（初代）
1953年ルノーのノックダウン組立から小型乗用車製作を始めた日野自動車は，1957年には部品の完全国産化を達成したが、それ以前の1956年から自前の車作りの計画が始まっており、1958年１月には試作一号車が完成、３年後の1961年４月になって市販を開始した。普通なら試作車が完成していれば何処かでPRしそうなものだが、この車に限っては、発売直前の1960年秋のモーターショーにも姿は無かったから、業界人でない僕にとってはいきなりの発表だった。写真は発売のニュースを知った直後に撮影したものだが、まだディーラーナンバーが付いた状態の初代モデルで、1962年７月まではターンシグナルがボディサイドに回り込んでいない。外見はルノー４CVとは全く違うが、大きさや基本レイアウトは殆ど変わっていない。（1961年４月　東京・赤坂溜池にて）

1967　日野コンテッサ1300クーペ（レーシング仕様）
1964年９月には「コンテッサ900」をグレードアップしたニューモデル「コンテッサ1300」が発売された。前年秋のショーにはイタリアのミケロッティのもとで製作された「900スプリント」が展示されるなど、浅からぬ関係にあったから、このシリーズのデザインはミケロッティが担当した。R／Rの基本レイアウトは変わらないがホイールベースは130mm延長され、1.5リッタークラスに近い大きさとなった。写真の車は「チーム・サムライ」のレタリングやポスターの文字から推定すると、ピート・ブロック（1967年の第４回日本GPに「ヒノ・サムライ」という素晴らしいマシーンを持ち込んだシェルビー・アメリカンのデザイナー）の手でレーシング仕様にチューンされたものらしい。（1968年３月　晴海・第１回東京レーシングカー・ショー会場にて）

1967　デル・コンテッサ（FL-Ⅰ）
東京の塩沢商工は1964年第２回日本GPにはコンテッサ900をベースにした日本初のＦ－Ｊカー「デル・コンテッサ」を３台走らせている。その後社名は「デル・レーシング・モーターカンパニー」と変わったが、相変わらずフォミュラーカーの製作を続けており、1967年の第４回日本GPでもコンテッサ・エンジン２台とベレット・エンジン１台、計３台のデル・シャシーが参加している。レースは1300cc以下のFL－Ⅰと1600以下のFL－Ⅱの混合で行なわれ、写真の⑱真田睦明は総合７位（クラス２位）だった。（1967年５月３日　第４回日本グランプリ・富士スピードウェイにて）

オオタ自動車工業

戦前から昭和20年代にかけて、小型車の分野ではダットサンのライバルだった「オオタ」だが、1958年（昭33）を最後にその名前は消えてしまったから、今では「オオタ」の存在を知る人は少なく、街中での姿を記憶している人は高齢者のはずだ。

1912年、太田祐雄によって作られた「太田自動車製作所」からスタートし1922年（大正11）に第１号車「OS号」を完成している。

最初の市販車は1931年の「OS号トラック」で、乗用車は1933年の「オオタセブンA型」（OA号）から始まった。1935年（昭10）には法人化をはかって「高速機関工業（株）」となったが、実態は三井物産の出資によって設立された会社に太田の個人企業が買収された形をとり、太田側から見れば三井物産の後ろ盾と販売網を利用してより安定した経営を狙ったものだった。太田祐雄は取締役技術部長として従来どおり自動車の開発に専念し、1937年には戦前の最高傑作「OD号」を完成し、年間3000台程度の生産能力を持つに至った。

しかし時代は戦時体制に向かいつつあったから、軍用に役立たない「小型車」は次第に資材の割り当てが制限され1938年で製造中止せざるを得なかった。

この「OD号」は極めて完成度の高い車だったが、中でも長男祐一のデザインによる「ロードスター」のスタイルは当時の小型車とすれば世界水準以上と評価されて良いだろう。根っからのエンジニアの父親と美的感覚に優れたこの親子の関係は、どこかブガッティのエットーレとジャン親子を思い出してしまう。数が少なかった戦前型の「オオタOD号」は残念ながら１度も写真を撮る機会に恵まれなかった。

1952　オオタ VCライトバン

戦時中は立川飛行機の下請けとなって飛行機のエンジンなどを造っていたが、戦後初の市販乗用車は1948年の「PA」（760cc）から始まった。このシリーズは1953年の「PA５」まで続いたがそれと並行して1951年からは、「PB」（903cc）が販売され、アメリカ車並に毎年モデルチェンジを繰り返していった。写真の車はその「PB」をベースにしたライトバン仕様で、1950年のスチュードベーカーを強く意識したスタイルは商業車なのに乗用車よりずっと派手だ。ボンネットの先端にスチュードベーカー張りの丸に十文字の飾りが付いた資料もあり、この車に付いていないのは、途中から止めたのだろうか。というのはその飾り物の正体が、偶然形が似ていたホイールキャップからの転用だったらしいのだ。顔の真正面にホイールキャップを付けてしまう発想が凄い！（1953年　東京・神田付近にて）

1950−52　オオタPA型（スチュードベーカー風改造車）
ライトバンと違って初期のPAシリーズ乗用車は横バーをモチーフにした大人しいデザインで、PA 3から4、5への変化を見るとシボレーの1947～1949年の影響が感じられる。その後1953年の「PF」では英国の「サンビーム・タルボ」のそっくりさん、1955年の試作車「PX」では1950年の「ビュイック」（ナイヤガラの滝といわれグリルがバンパーの外まではみ出したモデル）風など、いろいろなタイプを試みたが、僕の知る限りではこの写真のような「スチュードベーカー風」の資料は無いので、もしかしたら試作車の1台かも知れないが一応改造車とした。2分割フロントガラス、運転席のみのワイパーは「PA 4」までだが、グリルから特徴が掴めないので型式の特定が出来ない。ボンネットの先端に付いている丸い飾り物は「オオタ」のホイールキャップでは無さそうだが、フォードの場合は中央のスピンナーがもっと大きく、1950年スチュードベーカーが最も近い。（1959年　静岡市追手町・県庁前外堀付近にて）

1958　オオタ VMトラック（最後のオオタ）
1952年には「オオタ自動車工業」と社名を変更していたが、トヨタ、日産などに較べて規模の小さいメーカーは30年代の自動車ブームが来る前に力尽きてしまい、1957年日本内燃機製造（オート3輪くろがねのメーカー）に合併されて「日本自動車工業」となってしまった。1958年までは車名に「オオタ」の名が残ったから、写真のトラックは「オオタ自動車工業」製ではないが「オオタ」を名乗った最後の車となった。この写真のフィルムには数コマ手前に1953年のモーリス・オックスフォードが写っており、偶然だがグリルがそっくりだった。
（1958年　静岡市追手町にて）

＜大量生産されなかった先駆車たち＞

東急くろがね工業

「くろがね」という名前から浮かぶイメージは戦前を知る僕らには「オート３輪車」だが、もう少し上の世代の方なら「くろがね四起」かもしれない。

1932年設立された「日本内燃機（株）」は1935年（昭和10）に陸軍の要請で我が国初の軍用の４輪駆動車「四起」を完成し、これが制式名「95式小型乗用車」として採用され1936年（昭和11）から1939年（昭和14）までに4000台以上が造られた。

通称「くろがね四起」、陸軍では「95式」或いは単に「四起」と呼ばれていたらしいが、「95」とは、西暦に対して当時使われていた日本建国以来の年数を示す皇紀（又は紀元）2595年に由来する。年代から推測すると、中国大陸で活躍したはずだが秘密兵器だったのか僕は戦時中に写真を見た記憶がない。いずれにしてもアメリカの「ジープ」に匹敵する頼もしい「兵器」だったはずだ。

これだけの実績とノウハウを持ちながら、戦後それを生かした製品が造られなかったのは残念だ。因みに「くろがね」という言葉は日本語の古い表現法で「鉄」のことだ。戦後も乗用車には手を出さず、オート３輪「くろがね」１本で来たが、1957年「オオタ自動車工業」を吸収合併「日本自動車工業」となって４輪トラックへ進出、1959年「東急くろがね工業」と社名が変更された。

1941　95式小型自動車（くろがね四起）5型

1958　くろがね・オート3輪KM-2型

1960　くろがねベビー360　コマーシャル

東急くろがね工業と社名が変わった年の1959年、第６回全日本自動車ショーに登場したのがニューモデルの軽４輪トラック「くろがねベビー」だった。キャブオーバー型のボディでリア・エンジンというレイアウトはフォルクスワーゲンと同じだが、あちらははじめにリア・エンジンの傑作車ビートルがあっての話で、白紙の状態からならエンジンを足元に納めたほうが荷台のスペースが充分確保できるのに、と素人の僕は考えてしまう。後ろからも荷物の出し入れは可能だが、両サイドが下に開き横から容易に積み下ろしができるようになっており、そこがドアになった２列シートの４人乗りもあった。ショーの会場ではなかなかの人気だったのだが1962年１月で生産中止となってしまった。

（1959年11月　晴海・第６回全日本自動車ショー会場にて）

ヤンマーディーゼル

ヤンマーのエンジンは小は農作業用から、大は船舶、発電所まであらゆる分野で活躍しているのはテレビのＣＭでもお馴染みだ。1912年（大正１）山岡孫吉氏が作った「山岡発動機工作所」からスタートし、1936年「山岡内燃機」を経て1952年「ヤンマーディーゼル」となった。「ヤンマー」の登録商標は1921年（大正10）取得しているが、その由来は創立者山岡孫吉の名前をもじったもの、と思ったら大間違いで、昔から「トンボが沢山飛ぶ年は豊作だ」といわれる所から、農家向けの小型エンジンに「トンボ印」と付けようとした所、すでに登録されていて使用出来なかったので止む無くトンボの王様「ヤンマ」に変更し、結果的には「山岡」にも通じることになったらしい。

1958　ヤンマー試作KT型 軽四輪トラック
写真の車は市販されなかったKT型なので、文献に残っている試作車の写真とは、ホイールアーチの形や全体に角ばっている感じ、グリルのデザインなどが異なるが、幾つかあったバリエーションの１台だろうと考える。エンジンは強制空冷４サイクル単気筒249cc、4.6馬力のディーゼルエンジンをリアに搭載していた。もともとこのエンジンは脱穀、揚水などの農作業に使われていたものをベースにしており、この車の使用目的としては予め取り付けられているプーリーにベルトを掛ければ脱穀機などの動力としても使えるという多用性を持った、農作業用エンジンメーカーならではのアイデアカーであった。後部のエンジンルームの蓋を開ければすぐに動力として使えるように、エンジンは横置きでプーリーが車軸と平行に付いていた。そんな訳だからこの車の場合はリア・エンジンの正当性が納得できる。残念ながら量産・発売には至らなかったが、２年後には360ccの軽ディーゼルトラック「ヤンマー・ポニー」が誕生している。
(1958年　静岡市紺屋町・中島屋旅館横にて)

住江製作所

戦後の一時期数多く誕生した軽自動車たちの中でひときわユニークな車がこの「フライング・フェザー」とこのあとで取り上げる「フジ・キャビン」の2台で、両方共に鬼才といわれた富谷龍一氏を中心に造られたものだ。

メーカーの住江製作所はカーペットで知られ1943年の創立以来、ダットサンボデーの下請けだった。日産の社員だったこの車の名付け親の片山豊氏は、このフライング・フェザーの設計者富谷龍一、志村実の両氏とは深い繋がりがあったはずだ。メーカー側の住江製作所が設計を依頼したのか、設計者側が工場として住江製作所を選んだのかは僕には判らないが、車のユニークさからみても、アイデア優先の

1955　フライング・フェザー FF7
この車を最初に見たときの印象はシトロエン2CVを見たとき以上に“ブリキ細工”を感じた。その原因は真横から見るとフロントホイールの辺りは向うの景色が透けて見えるほど隙間が開いていたせいかも知れないが、他にも方々に隙間が空いていて、いかにも軽そうに見えた。その名が示すように羽のように軽くという設計者の意図が随所にみられ、タイヤも細身で2輪車からの転用だろう。発売は1955年だが試作1号車は1948年に完成しているので、敗戦後3年しか経っていない状況の中で考えれば、乏しい材料と限られた工作・板金技術のもとで、これだけに仕上がれば立派なものだといえる。この車を見た当時は知らなかったが、外国には「サイクルカー」と呼ばれるミニマムクラスの車があり、その現物をイギリスのイベントで見てから改めてこのフライング・フェザーを見直し、見較べた時この車の完成度の高さを知った。と同時に誕生に関わった方々の車に対する高い見識を感じ、以来この車が“ブリキ細工”には見えなくなった。因みに車名は「F／F」と略記されるが、フロント・エンジンではなく「R／R」のリア・エンジン車である。（1960年1月　東京丸の内・帝国ホテル横にて）

駐車禁止
駐
NO
PARKING
東京都公安委員会

の5207

日本自動車工業

昭和30年代後半の軽自動車ブームが来る10年位前、一時期あちこちの小規模な工場から試作の域を出ないようなチッポケな車が次々と生まれていた。大部分は多くの人の目に触れる機会もなく、公式記録も残さないまま消え去っていってしまったが、それらの中でもこの日本自動車工業の造った「NJ」はよく頑張り、社名を「日本軽自動車」と変えてから造った「ニッケイタロー」まで含めれば約５年の間存続した。初期の試行錯誤の時代のメーカーの中ではよく知られた存在だ。

1953−4　NJ360
写真の車は幌を上げているのでいまいち垢抜けないが、オープンにすればこれでも当時のまわりの車とくらべれば中々のものだった。ボディはセミ・モノコック、４輪独立懸架という進んだ構造で、空冷V型２気筒，OHV358cc、12hp／4000rpmのエンジンをリアに搭載していた。小規模生産のこのエンジンまで自社で開発、生産していたという所からも、メーカーの意気込みが窺える気がする。これでも最高速度は70km/hが可能だった。写真ではこの車の特徴であるナマズのひげのようなグリルが無く、フロントウインドーの横にあった腕木式の方向指示器の代わりにヘッドライトの下にターンシグナルが付いており、バンパーのオーバーライダーも無いが、この変化が改造なのか、年式による相違なのかは資料が少なく不明。因みに車名の「NJ」とは日本自動車工業の頭文字という極めて単純なものだ。（1959年　晴海・第６回全日本自動車ショー駐車場にて）

富士自動車

社名に「富士」と付く会社にはスバルの「富士重工業」の前身「富士産業」「富士工業」などの旧中島飛行機系や、後にプリンス自動車なった「富士精密工業」など旧立川飛行機系があるが、この「富士自動車」も立川飛行機の出身者が中心となって1947年（昭和22）設立した「日造木工」という自動車の木骨やパネルの板金を扱う会社からスタートした。

翌年米軍の軍用車を解体再生する作業を請け負い、社名を「富士自動車」と変更する。

1953年にガスデンエンジンのメーカーの旧「東京瓦斯電気工業」を吸収合併しフジ・キャビンへの体制が整った。鶴見と立川に工場を持ちエンジンだけでなくこの当時は自前の２輪車も製造していた。キャビンスクーターという発想は、スクーターに求められた「便利」の次の要求で、雨に濡れない、冬でも寒くないという「乗り心地」の向上は世界各国共通で、イタリアの「イセッタ」、ドイツの「メッサーシュミット」「ハインケル」、イギリスの「ボンド」「リライアント」、フランスの「インテル」「Ｐバレー」などが知られているが、いずれもユニークな特徴あるスタイルをしていた。その中でも「フジ・キャビン」は同じ一つ目の「インテル」よりずっと怪奇性に富んで居るが、もし二つ目だったら印象はずっと平凡になったかも知れない。

1956 フジ・キャビン・スクーター（初期型）
初期型には右側にドアが無かったから取っ手が無い。ドアの様に見える切れ込みはボディのつなぎ目だ。

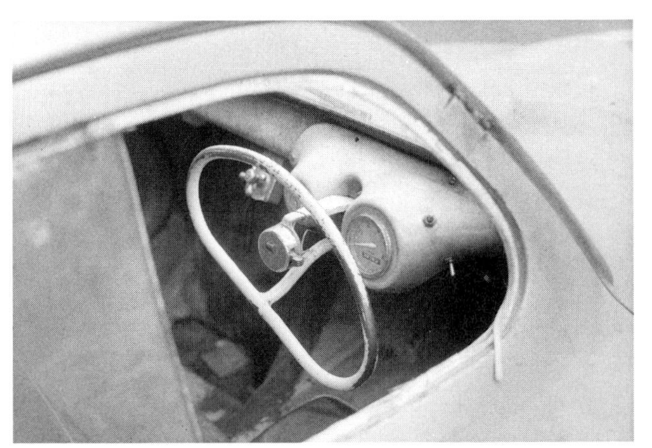

1957　フジ・キャビン・スクーター

1955年発表された時の名前は「メトロ125」といったこの車の特徴は、見た目だけではなく、そのボディはFRPのモノコックで作られていた。同じ構造で知られる「ロータスエリート」ですら発表されたのはこの2年後で、当時とすれば全く未知の分野だった最新の技術で作られたものだ。エンジンは立川工場製の「ガスデン」2サイクル122cc、5.5hpで、タイヤもスクーターサイズだからまさしくキャビンの付いたスクーターだ。前期型のドアは左側だけだったが、後期型では右側にもドアが付けられた。前ページの写真はバスの中で見付けて大急ぎで撮ったもので、p164～5の上段は途中下車してそれを撮り直した現役ばりばりの姿だ。p164の下２枚は大分使い込まれているがまだナンバーつきで、特徴あるハンドルがよく判る。

（1959年　静岡市内にて／1966年　東京・港区内にて）

フジ・キャビン・スクーターのエンジンルーム

1962　ガスデン・ミニバンM36

当時の軽自動車ブームに乗って出現したものの一つで、フジ・キャビンを作ったメーカーのものだが、"ガスデン"を名乗っているところから推定すると、鶴見工場ではなく、旧"東京瓦斯電気工業"だった立川工場で作られたものだろうか。ここで造られた"ガスデンエンジン"は「山口」「片倉」「宮田」などエンジンの製造部門を持たない自転車メーカーがオートバイメーカーになるために提供され大いに貢献した。写真のミニバンは1961年秋のショーに展示された試作車で、ふっくらと丸みを持った可愛い顔つきをしていたが、結局量産には至らず37台が試作されただけだった。

（1961年11月　晴海・第８回全日本自動車ショー会場にて）

岡村製作所

岡村製作所はいまや日本中の何処のオフィスや事務所でも机やキャビネットなどが必ず見つかる程、事務用品の大手メーカーとして知られているが、この会社もルーツはご多聞に漏れず旧日本飛行機という、「九四式水偵」や「瑞雲」など双フロートの水上機を作った飛行機メーカーで、その社員達が板金加工技術を活かして米軍向けのスチール家具の製造で基盤を固めた。創業は1945年（昭和20）10月というから終戦２ヵ月後のことで、翌年「株式会社岡村製作所」となった。社名は会社の所在地が横浜市磯子区岡村町だった事に由来する。

1946年には同じ飛行機屋仲間の中島は「ラビット」、少し遅れて三菱は「シルバー・ピジョン」を発表し、スクーターという新しい分野に乗り出したから、負けじと「岡村製作所」でも開発の参考にイタリアから見本を輸入したところ、本体よりもそれに付いていた「トルクコンバーター（略称：トルコン）」（流体クラッチ）の魅力に取りつかれてしまったのかもしれない。第２事業部として専門に研究開発を重ねた結果、1952年からは国鉄のディーゼル機関車やガソリンカーなどの車両に採用された他、数多くの産業機械に用いられ、後に「マツダR360クーペ」に採用されていた「トルコン」も岡村製作所製だった。

1957　ミカサ　サービスカー　マークⅠ（デリバリー・バン）
500台以上作られたこの車を“大量生産されなかった車”の項に入れるのは疑問の余地があるが、雑誌に広告を出したりカタログを作ったりした割には、街なかで見かけた車はどれもみな自社使用のサービスカーばかりだったので、果たして一般ユーザーに売れたのだろうか。自社製の「トルコン」を使って自動車を作ろうと考えた時、お手本をフランスのシトロエン２CVに求めたようで、エンジンは空冷水平対向２気筒の前輪駆動、ホイールのプレスもシトロエンそのものでいかにもと思わせる。排気量は僅か585ccだったが、当時の区分では小型車扱いとなった。小排気量にトルクコンバーターの組み合わせだから、当然出足は鈍かったに違いない。いずれにしても日本で最初のトルコン付き自動車という歴史的な意味を持った車だ。写真の車は２台とも静岡営業所と入っているが神奈川ナンバーだから本社で登録したものだろう。このモデルとは別に、マーク２という僕の大好きなシトロエン２CVのフルゴネットにそっくりな波板を使ったパネルバンも広告には載っていたがそちらは一度も見ていない。
（1959年　静岡市両替町にて）

1959−60　ミカサ・ツーリング

岡本製作所がトルコン付きのプロトタイプ「ミカサ」２種を発表したのは、1957年５月日比谷公園で開催された第４回全日本自動車ショウが最初だった（その時の入場料は20円）。1957年といえばトヨタは第１世代の観音開きのクラウンとダルマのコロナでカローラもパブリカもまだ無い。プリンスは初代スカイライン。ニッサンはオースチンA50、ダットサン1000。そのほかにルノー４CV、ヒルマン・ミンクスという時代だったから、本格的な「スポーツカータイプ」の車を発売した意欲は高く評価される。勿論スペックはサービスカーに少々手を加えただけだから最高速度も90km/hに過ぎず、あえて「スポーツ」と呼ばずに「ツーリング」と名付けたところも好感が持てる。「ミカサ」の由来については僕の推定だが、海軍の飛行機を造っていた人達が考えついた名前だから、日本海海戦で東郷元帥の乗っていた“戦艦三笠”しかないだろう。この車は10台程度しか造られなかったらしいが、僕はその内３台をカメラに収めている。中でも３人乗って街なかを走っている写真は特に珍しいもので、後席は大人が乗るにはかなり窮屈だった事がよく判る。

（上左・1959年11月　晴海・第６回全日本自動車ショー会場にて／上右・1960年　港区内にて／下・1959年　静岡駅前にて）

パドル自動車工業

この車を造った会社は1957年（昭和32）から軽３輪トラック「ムサシ」を造っていた「三鷹富士産業」で、名前からもわかるように旧中島飛行機の流れを汲む会社だ。パドルが発表されたのは1959年秋の第６回全日本自動車ショーで、この会社は翌年昭島市に「パドル自動車工業」を設立して生産を移したから、生産はこの両社で行なわれた。

1959　パドル360軽4輪トラック

２人乗り／300キロ積みのオーソドックスなトラックで、前面は切り落としたように角ばっているが、全体は丸みを持った可愛い車だ。水冷２気筒サイドバルブのエンジンは359ccの排気量を持っているが、実はダットサン110などに使われている860ccエンジンの半分を使いストロークを詰めたものだし、横から見ると分不相応に大きい16インチタイヤもダットサンと共通で、シャシー周りにも多くの部品が使われているのは、手に入り易く何処でも修理が可能という先を見通した発想だった。写真の車は新車が発表されたショーの会場の外で見付けたもので、バンパーにクランク用の穴が開いているところがカタログとは違っているが、ショーの展示車と寸分違わない。写真を撮った時は気付いていなかったが、まだ市販されていないはずなので、多分関係者のものだったのだろう。
（1959年11月　晴海・第６回全日本自動車ショー駐車場にて）

＜手造りのくるま＞

1956？　シューベルト号

この車はメーカーの造った物の改造車ではなく、完全に個人の手で組み立てられた一品物（いっぴんもの）である。オーナーは江刺さんという、たしかコントラバスを弾くミュージシャンの方で“運搬の際、楽器の頭を屋根から出すようになっている”と何かで読んだ記憶があったから、浜松町の自動車図書館で古い雑誌をめくってみたが確認出来なかった。話の発端はオートサンダルという軽４輪のホイールの出物を手に入れたことから始まり、ダットサンのシャシーにフライング・フェザーのエンジンを載せ、手造りのボディを被せたのが初代で、その後シャシーをフライング・フェザーに代え新しいボディに作り変えたのが多分この写真の２代目という事だと思う。色々な資料の写真を見るとそのたびに少しずつ変化しているが、これこそこの車の名前の由来となった「未完成」だったのだ。それにしても、手造りの車がナンバー付きで街を走れたよき時代だった。（1959年　港区内にて）

＜改造車＞

メルセデス・ベンツ　300SLもどき
この車を遠目で見つけた時、僕はやったー！　と小躍りした。あの幻の「300SL」についに巡り逢えたと思ったからだ。当時日本のナンバーを持っているこの車は石原裕次郎と力道山しかいないはずだった。しかし実態は実に良く出来た改造車だった。ボディは殆ど原形を留めない全くの別物で、ドライビング・ポジションもかなり後方に下げられているから、メカにもかなり手が入っているだろう。横位置で見れば本物の特徴は殆ど盛り込まれている。それではこの車の正体は？　驚くべき事に素材は平凡なファミリーカー、1953年～54年の「ヒルマン」MkⅦらしい。僅かにその痕跡はホイールとバンパー／オーバーライダー、ヘッドライト周辺から読み取れる。斜め前からの写真もあるが、イメージが異なるのでここには掲載を取り止め、p190に収めている。（1960年　港区麻布三河台町・現六本木３丁目にて）

（参考）　本物のメルセデス　ベンツ300SL　ロードスター

改造前の1953～1954年 ヒルマン ミンクスMkⅦ

珍車編

ソヴィエト連邦

オーストリア

チェコスロバキア

ポーランド

スペイン

カナダ

オーストラリア

＜東ヨーロッパ・その他の諸国の車＞

ソヴィエト連邦

1950−58　ジム（ZIM／ЗИМ）12　4ドア・セダン
戦後のソ連の高級車は、パッカード・カスタム・エイトのノックダウン「ジス」（ZIS）110リムジンと、キャデラックの1948年に似たグリルを持つ、写真の「ジム」（ZIM）の２種が1958年までモデル・チェンジなしで造られた。但し「ジス」110の方は後継車の「ジル」（ZIL）111が出てからは「ジル」110と呼ばれていたようだ。これら高級車は市販されず政府高官用として使われていたから、写真の車もソ連大使館のものだ。“青ナンバーの1952”は２回撮影しているが、新橋付近で撮った時は、厚手のオーバーにソフト帽をかぶった目つきの鋭い紳士がつかつかと寄ってきて、何の目的で写真を撮るのかと問いただされた事があった。そんな訳で今回は差しさわりの無い方の写真を選んだ。因みにナンバーの“1952”はマニアの車ではないからまさか年式ではないだろうが、1952年にこの車が造られていたことは確かだ。（1960年　港区・芝公園給油所にて）

1956　ポビエーダ（Povieda）M20B　4ドア・セダン

ソ連の車については情報が少なく、車名すら正式になんと発音するのか良く判らないが、英語表記にいちばん近い読み方とした。他に「パビエーダ」「ポビエダ」「ポベダ」などがある。写真のようなグリルになったのは1956年からだが、この車は1947年から造られており、車名は「勝利」という意味だそうだ。それまでは同じボディに1946年頃のナッシュに似たグリルを付けていた。バックスタイルは、フォードやボルボに似ていると思っていたが、それらよりももっと背中の膨(ふく)らんだこの形は1950年ナッシュ・アンバサダーの6窓の後ろを1つ潰したらそっくりになった。後方に見えるクラシックカーは1932年オペルのカブリオレで立派にナンバー付きの現役だった。（1960年　港区一之橋付近にて）

1956−57　ヴォルガ（Volga）M21　4ドア・セダン
（1961年　東京・港区麻布にて）

1958　ヴォルガ（Volga）M21　4ドア・セダン

1956年からM20ポビエーダの後継車として登場したソ連の中級車で、1958年には当時のモスクヴィッチともよく似た1952年フォードのようなグリルに変わった。ソ連の車を見た時はつい“何に似ているかな”と考えてしまうのだが、左頁の車も例外ではなく、リア・フェンダーのプレスからは1952〜53年のフォードの匂いがする。この車には素敵なトナカイのマスコットがついているが、これは工場のあるゴーリキー市のシンボルで、車名は勿論母なる大河「ヴォルガ河」からとったものだろう。この年代には日本国内で市販されるような車ではないから、当然外交官用の“青ナンバー”でソ連大使館の車だが、僕が定期巡回コースにしていた東京タワー下から一之橋、麻布十番へかけて多数あった修理工場では、修理待ちの車を日中道路に出してあったから、結構珍しい車に出会うことが出来た。（1961年　東京・港区内にて）

1966　モスクヴィッチ408（Moskvitch）4ドア・セダン

1965年から生産が開始されたモスクヴィッチ408は、1354ccでソ連の乗用車としては小型車を担当する。1960年代も半ばを過ぎると、ソ連の車が東京のモーターショーに登場する時代となった。外国と競争するまでに成長したという事だろうか。いずれにしてもこの車を日本で買った人がいたようで、約10年後のイベントでは仮ナンバーながら、上々のコンデションで登場している。これといった特徴はないが、直線を主体としたすっきりしたスタイルはバランスもよく、当時流行のテールフィンもしっかりととりいれてある。モデルチェンジ前の1950年代のモスクヴィッチは、これまた戦前から1952年まで造られたオペル・オリンピアのそっくりさんで半分埋め込みのヘッドライトや、ドアが観音開きのところまで同じだった。

（1977年1月　港区・東京プリンスホテルにて）

オーストリア

1959〜　シュタイア・プフ　ハフリンガー700AP

シュタイア社が自動車を最初に造ったのは1917年第一次世界大戦中のことで、チェコの「タトラ」に居たハンス・レドヴィンカを主任設計者に迎えてスタートした。1921年レドヴィンカはタトラに戻ってしまうが、1929年にはダイムラー・ベンツからフェルデナント・ポルシェ博士を迎え、「30」「オーストリア」を発表する。しかし世界的不況の波はこの会社を銀行管理に追い込み、1934年には同じ管理下のアウストロ・ダイムラー社、プフ社と合併し「シュタイア・ダイムラー・プフ」となった。第二次大戦後のオーストリアは米英仏ソの共同管理下に置かれていたが、1959年からはフィアット500Dに独自のエンジンを載せた「シュタイア・プフ500D」や「650T」を製造している。写真の「ハフリンガー700AP」は650Tのエンジンをベースに造られた多用途車で、元々はオーストリアのアルプス山岳兵の足として考案された小型４輪駆動車だから、ジープとは一味違った山岳地で活躍する万能車で、わが国でも林野庁で使用していたようだ。空冷水平対向２気筒643ccで、床から上は２個のシート、スカットル、折りたたみのウインドシールドを残してすべて取り外しが可能である。
（1980年１月　明治神宮外苑・絵画舘駐車場にて）

チェコスロバキア

第二次大戦後、東欧諸国で自動車を生産していたのは、ソ連を除けば東独、チェコスロバキア、ポーランドしかなかった。1993年に「チェコ」と「スロバキア」に分裂したが、この車が造られた当時は「チェコスロバキア」だったこの国は、第一次世界大戦で負けるまでは「オーストリアハンガリー帝国」に属し、「スコダ」はその国の軍需産業の中心的存在だった。第二次大戦中は再びドイツに併合され、ドイツが敗れると今度はソ連の占領下に置かれるというように、東西両陣営のはざ間にあって揺れ動いてきた国だ。「スコダ」は1923年イスパノ・スイザのライセンス生産から始まり、1925年にオーストロハンガリー時代からの老舗「ローラン・クレマン」を買収してバスやトラックも含む本格的な生産に入った。

1955−61　スコダ1201　ワゴン

東欧圏の自動車の情報は中々手に入りにくいが、殊に商業車に至っては全くお手上げだ。この全体に丸みを持っているこの車は1952～58年に造られたスコダ1200セダンのバリエーションで、1955年からはリア・ウインドーが１枚になった「1201」と思われる。色の薄い方は２ドアで、青ナンバーだからチェコスロバキア大使館の車だろうが、濃い方は４ドアの品川ナンバーだ。こちらにはバックミラーが付いているが大使館の車に付いていないという事は本国仕様か。後部は左ヒンジで冷蔵庫のように開くから使い勝手は良さそうだが、旧型では窓ごとそっくり下ヒンジで開くようになっていたから、積み下ろしは大変だったろう。
(上・1966年／下・1962年　いずれも東京・港区内にて)

1955−61　スコダ445
オクタビア・スーパー2ドア・セダン

戦後のスコダは1955年「1200」の後継モデルとして1.1リッターの「440」を発表した。シリーズは３つに分かれていたが、フロントフェンダーに「メルセデス300SL」のような膨らみを持っている特徴のあるスタイルは共通だった。「440」は1089ccで1959年からは「オクタビア」となり、一回り大きい1221ccの「445」は「オクタビア・スーパー」となった。もうひとつの「450」はカブリオレ・シリーズで「フェリシア」と呼ばれた。写真の車はショーに展示された前期型で、グリルは細い１本の横バーの中央に丸いスコダのマスコットが入っている。東京ではじめて開かれた展示会で、スコダは早くも日本への売り込みを始めていたことが判る。
（1961年６月　晴海・第２回外車ショー会場にて）

1961−64　スコダ445
オクタビア・スーパー
2ドア・セダン

写真の車は「フェリシア」と同じグリルになった後期型で、1961年版の年鑑では３月発行のものには前期型、６月発行のものには後期型の写真が使われているので、その間にモデル・チェンジが行なわれたと思われる。しかし前項の外車ショーは６月開催なのに前期型が展示されており、空輸などが考えられなかった時代は、船便だから新型車はまだ到着していなかったのだろう。グリルのほか、控えめなテールフィンが付いたのが変更点だが、合理化のためか、前後のガラスが同じというこの車の特徴は変わっていない。オクタビアの次は、1964年からリア・エンジンの「1000MB」となったのだが、雑誌でも殆ど情報は入ってこなかったし勿論実物にも出会っていない。
（1962年４月　東京・渋谷駅前にて）

外-3019

外-3019

1961－64　スコダ450
スポーツ・コンバーチブル
（フェリシア）

スコダはスカンジナビアの諸国をはじめ、西欧への輸出台数もかなりあり、ラリーにも参加していたからスポーツ・バージョンの誕生も成り行きとしては当然といえる。しかしセダンからの転用だから腰高で、スタイル的にはボンネットが高く、少々重たい感じを受ける。フェリシアはオクタビアと同じエンジンをツインキャブで馬力アップしたもので1089ccの「フェリシア」は1959年から、そして1221ccの「フェリシア・スーパー」は２年遅れの1961年から1964年まで造られた。両車の仕様はエンジン関連以外に変わりない。因みに1961年のショーで付いていた価格は120万円だったが、実はこの年は1954年以来７年ぶりに一般ユーザーにも輸入外車が買える事になった年で、価格は「入札制」の最低目安だった。人気のある車にはかなりのプレミアムが付き、538万５千円の「ベンツ300D」の落札予想価格は1300万円といわれていた。（1961年　東京・港区内にて）

外-2645

仮免許
練習中

1959　タトラ603　4ドア・セダン（空冷V8 リア・エンジン）
タトラは長い歴史をもつ自動車メーカーで、そのルーツは1850年、当時のオーストリアハンガリー帝国で馬車製造からはじまった。最初の自動車は1897年ごろのベンツを真似たもので設計者は後年航空機でも有名になったルンプラーだったが、そのあとを引き継いだのがポルシェ博士と並び称されるリア・エンジンの権威ハンス・レドヴィンカで、1934年には空冷Ｖ８、3.6リッターのリア・エンジン車「タイプ77」という、大型高性能車を完成している。この基本構想が第二次大戦後の1956年の「603」に受け継がれている。車名は創立当初の工場の所在地から採った「ネッセルスドルフ」だったが、第一次世界大戦で敗れ、チェコスロバキア領となると町の名前も変わってしまい、新たに国内で１番高い「タトラ山脈」から付けたものだ。「タトラ」はこの写真を撮った時は「チェコスロバキア大使館」のものだったが、今はどちらに属しているのか気になったので地図で調べたらタトラ山はスロバキア側の北部にあった。念のため「スロバキア大使館」に問い合わせたら、スロバキアにも工場はあるが本社は「チェコ」にあることが判った。タトラでは、1930年代に「77」と同時に空冷フラット４、1.8リッターのリア・エンジン車「97」も造られていたが、これはヒットラーの国民車構想（フォルクスワーゲン）にあまりにも似ていたことからナチスから製造を禁止されてしまった。しかし、構想を実現させたのはこちらの方が早かった。（1959年12月　港区一之橋付近にて）

ポーランド

ポーランドは西はドイツに、東はソ連に国境を接していた国で、1939年9月ドイツ軍の突然の侵攻に続いて、当時ドイツと不可侵条約を結んでいたソ連からも攻め込まれ約1ヵ月で占領されてしまった。この攻撃に対して英・仏がドイツに宣戦布告したのが第二次世界大戦の始まりである。

戦争が終った時、東側の約3分の1はソ連領となり、その代わり負けたドイツ側を少し拡張したから、戦前の地図と較べるとポーランドという国は全体に少し西にずれたことになる。戦時中ナチスがこの国のユダヤ人を狭い区域に隔離した「ワルソー・ゲットー」や、絶滅収容所「アウシュビッツ」などみなこの国で起きた。悲劇の歴史をもつ国である。

1959　ワルシャワM20　4ドア・セダン

チェコと違ってポーランドには戦前から自動車メーカーは無かったようで、1951年になってソ連の中型車「ポビエーダM20」を「ワルシャワM20」の名前でノックダウン生産するところから始まった。その後ソ連で旧式になったポビエーダの生産設備一式を譲り受け1964年まで生産された。途中1960年に「201」となり、2年後エンジンをSVからOHVにかえて馬力アップし「202」となったが、外見の違いは資料不足でよく判らない。バリエーションとして「ワゴン」「ピックアップ」「救急車」「タクシー」などの仕様があったほか、鉄の車輪付きの「レールカー」まであったらしい。メーカーは「FSO」となっているがポーランドの国有自動車工場の頭文字で、民間の会社ではない。写真の車は大使館用に1台しかなかったはずだが僕は羽田空港と有楽町と2回出会っている。(1959年4月　有楽町・フードセンター横にて)

2565

スペイン

1951−56　ペガソZ102B　ベルリネッタ・ツーリング

現代のスペインは「セアト」のような大衆車を生産しているが、戦前は「イスパノ・スイザ」、戦後は「ペガソ」という、どちらも芸術品ともいえる超一級品を生み出した国だ。突然変異のように1951年のパリ・サロンに出現したこの車の生みの親はスペイン人のウイルフレド・リカルトで、彼は1936年から1945年までアルファロメオに在籍してGPカーの設計にあたり、1940年には戦前のアルファ唯一のミッドシップカー「ティーポ512」を生み出した鬼才だ。戦後のスペインで「ペガソ」が出現した背景には、イスパノ・スイザの工場施設や生産システム、優れた技術者が引き継がれていたという好条件があって実現したものだ。この車の中身はGPレーサーそのものといわれ、それに１台ずつオーダーメイドのボディを被せたものだから値段は宝石並みで、1953年にキャデラック１万３千ドル、ロールスロイス１万９千ドルのときに２万９千ドルもした。ペガソは1951年から1956年にかけて造られ、その数は僅か125台といわれるが、僕は2002年パリのレトロモビルで多分この車だろうと思われるツーリング製のブルーのベルリネッタの写真を撮っている。

（1977年１月　港区・東京プリンスホテル駐車場にて）

カナダ

1963　アカディアン・ビューモント　2ドア・セダン
正面に「ACADIAN」と聞き慣れない名前が入っているこの車は、何処かで見たことがあると思ったら、シボレー「シェビーII」のカナダ版だった。勿論メーカーはカナダGMで、シリーズは上からビューモント、キャンソー、インベーダーの３種があり、それぞれに４気筒2552ccと、６気筒3236ccのエンジンが用意された。グレードは内外装の相違で、性能は変わらない。面白いのは、この車がイギリス車のディーラー「日英自動車」の扱いだったことだ。カナダは英連邦の一員だからだろうかと思っていたが、当時日英自動車ではアメリカのポンティアックも扱っていたそうだ。外見はグリル中央に縦バーが入りポンティアック風だが、僕は本国仕様より好きだ。オートショーで付いていた値段は「シェビーIIノーヴァ400」の259万円に対して「アカディアン・ビューモント」は239万円と20万円も安かった。（1966年６月　原宿・表参道にて）

オーストラリア

オーストラリアには「ホールデン」という独自のブランド名を持つ自動車メーカーがある。この会社はジェームス・アレキサンダー・ホールデンが1856年に馬具屋を始めた時にスタートした。1908年からは自動車内張りの修理を手掛け、1914年にはじめて自社製のボディを完成させたが、これはアメリカから輸入したGM車のシャシーに架装した物だった。

その後GMとの提携関係は順調に進み、1928年には9万台近くのボディを造ったが、1931年には大不況で僅か1651台まで落ち込み、遂にGMに買収され「ゼネラル・モータース・ホールデン」（GMH）となった。

1958－59　ホールデンFC・スタンダード・セダン
戦後のホールデンは1948～1953年6気筒2.15リッターの「48―215」から始まり、1953～1956年「FJ」、1956～1958年「FE」を経て、写真の1958～1959年「FC」となった。次が「FB」だからモデル名のアルファベットは逆行して付けるらしい。青ナンバーだから勿論オーストラリア大使館の車だろう。運転席には制帽をかぶったショファーが座っているが、車のグレードはベーシックな「スタンダード」で、デラックス仕様はメッキ類が多く、2トーンの塗り分けだった。
（1958年　羽田空港駐車場にて）

1960－61　ホールデンFB・スペシャル・ステーションワゴン
ホールデンは毎年モデル・チェンジを繰り返し、この年は戦後初めてエンジンの排気量が2.26リッターに増えた。外見はアメリカ車そのものだが、全体的には1955～56年頃のデザイン感覚で、特にヘッドライトの庇(ひさし)は1955～56年のプリムスやパッカード、マーキュリーなどに見られた一寸前の流行だ。しかし不思議な事に、「シボレー」や「ポンティアック」「オールズモビル」などGM系デザインのはっきりした影響は見当たらない。この年はセダンにはスタンダード、スペシャル、ビジネスの3種と、ステーションワゴンにはスタンダード、スペシャルの2種、それにパネルバンの計6種のタイプが用意されていた。
（1962年3月 新橋・第一ホテル横にて）

1965−66　ホールデンHD・プレミア・4ドア・セダン
毎年のモデルチェンジはその後も続けられ、「FB」の次は「EK」(1961〜1962)、「EJ」(1962〜1963)、「EH」(1963〜1965)と相変わらずアルファベットは逆行し、写真の「HD」に続いた。エンジンは前モデルの「EH」から2.45リッターと2.95リッターの２本建てとなり、写真の車は大きいほうが付いた「プレミア」だ。この年代は国産車もみな四つ目になっていたが、３リッタークラスなのに二つ目という事は、同じGM系のボクスホールと同じイギリス・スタイルなのか、アメリカのコンパクトカーに倣ったのだろうか。(1965年11月　晴海・第７回東京オートショー会場にて)

1968　ホールデン・トラナSL　2ドア・セダン
戦後ずっと直６、２リッタークラスの中型車だけを造ってきた「ホールデン」は1968年になって初めて直４、1159ccの小型車を発表した。これはボクスホール・ビバのオーストラリア版で、角型ヘッドライトが丸型になった以外は、右ハンドルもイギリスと同じ左側通行なので変更不要だから中身は変わっていない。グレードを示す「SL」もボクスホールと同じで双子車の証拠だ。この年のショーで付いていた値段は128万円だったが、同じホールデンの６気筒版「プレミア」は２倍近い238万円もした。因みに本家「ボクスホール・ビバ」は127万円と微妙な差があった。
(1967年11月　晴海・第９回東京オートショー会場にて)

あとがき

僕が青春時代にこつこつ撮り溜めたモノクロフィルムからピックアップした写真集『60年代街角で見たクルマたち』は今回の「日本車・珍車」シリーズで無事予定通り３冊目が出版された。そのきっかけは毎月鎌倉で開かれる車好きの集まりにアルバムの一部を持って行ったところ、若い方も興味を持ってくれたのを見て、主催者の三重宗久さんが、出版の企画を三樹書房に持ち込んでくださったものだ。

三樹書房は出版案内からも判るように、自動車、飛行機に関してはわが国でも数少ないマニアックな、内容の濃いタイトルを多数出版している。それは今でなければ出来ない歴史的証言を関係者本人から直接聞き出して置こうという強い信念から採算を度外視した企画を取り上げてきた結果で、社長の小林さん御自身の趣味を満足させるためもチョッピリ入っているかも？

この本を出版するに当たっては、永年自動車関係の出版に携わり豊富な知識をお持ちの高島鎮雄氏が監修を快諾して下さり、原稿を書く素人の僕にとっては本当にこころ強い限りだったし、店頭に並んだ時に監修者のお名前がこの本の信用度を随分高めてくれた事と思う。

この本に使った写真は殆どが40〜45年前のネガからプリントしたもので、１冊目（２年前）までは缶に乾燥剤を入れてテープで目張りをしてあったお蔭か目立った劣化は見られなかったが、アメリカ車編では一部に気泡状の膨らみが出てプリント不能が出た。

さらに１年経った３冊目の時は一気に気泡の発生が増え、既存のプリントを使わざるを得ない状況に追い込まれた。多分その間目張りしないで空気に触れていたせいだろうか。もう少し早くにデジタル化してパソコンに取り込んでおけば良かったと今更悔やんでも後の祭りだ。その問題を抱えたネガから様々な技術を駆使してプリントして頂いた萩谷剛氏と編集に労をつくしてくれた三樹書房の皆様には大変なご苦労をお掛けしてしまった事を申し訳なく思い感謝している。

一介の自動車好きが撮り溜めた写真でも、数がまとまり年数がたてば、ある意味では「資料的価値」が生まれ、「継続は力なり」はここにも生きている。

この本が“写真の時代と同時進行の世代”“少年時代憧れの存在として眺めていた世代”そして“まだこの世に誕生していなかった未知の世代”と世代毎にそれぞれの思いは違っても、時代を切り取った１ページとしてご覧いただき、次世代へ引き継がれて行く事を願って止まない。

浅井　貞彦

監修者の言葉

「監修」などとはおこがましいことであるが、この楽しい叢書の編集に参画させていただいた幸せに感謝しつつ一筆認(したた)めたいと思う。

「趣味」とは、本来ひとりの個人が自らの愉(たの)しみのためにする行為のことであろう。だから執念を燃やして続けるのも自由なら、あっさり止めてしまうのも勝手である。ところが畏敬(いけい)する浅井貞彦さんはそれを、中学校２年生の時に最初の１枚を撮ってから50余年後の今日まで、１度の中断もなくずっと続けてこられた。ご本人は「好きでやってきただけ」と事も無げに仰(おっしゃ)るが、これは、実に大変なことであり、浅井さんの執念の成せる業(わざ)である。

聞けば、高架線を走る電車の窓から珍しいクルマを認めて、ひと駅引き返して撮ったこともあれば、次の信号で止まっているはずと自転車で追い掛けて捉えたこともあるとか。たまたま稀(まれ)なクルマに出逢った際にカメラを持ち合わせていなかったので（浅井さんとしては珍しいことだが……）、近くでアサヒ・ペンタックスを１台買って撮影したという。まさに執念であり、生半可な道楽などではない。“継続は力なり”というが、浅井さんの続ける努力と、どうしても撮るという執念がこの三部作に結実したのであり、この楽しいシリーズを手にできることを、私たちは深く感謝しなければならない。

この三部作は主として1950年代から1960年代の初めに掛けて、浅井さんの出身地静岡市と東京都の路上で捉えたクルマの写真集である。第１巻は日本にクルマ造りの基本を教えてくれたヨーロッパ車編であり、第２巻は私たちにクルマに対する強い憧れを抱かせ、その後自動車産業が日本の経済成長の牽引役になっていくきっかけとなったアメリカ車編である（そうして成長した日本車が今アメリカの自動車産業を脅かしつつあるのは歴史の皮肉であろう）。

そしてこの第３巻はアメリカ車に刺激され、ヨーロッパ車に技術を学んだ日本車が１歩１歩と成長していく様子を跡づけるものである（同時に東京の路上で見られた珍しい国のクルマたちも収めている）。

これらの写真はすべて浅井さんが路上で（あるいはモーターショー会場等で）実際に撮影されたもので、メーカー提供の写真は１枚も入っていない。したがってクルマたちの街の中での生きた姿であり、同時にクルマを中心に捉えたひとつの風俗史でもある。

時代を共有した人々には想い出をたぐり寄せる縁(よすが)になるはずだし、若い世代には本書により日本のモータリゼーションの来し方を学んで欲しい。

最後になってしまったが、本書の企画に理解を示し、実現された三樹書房小林謙一社長に深い敬意を捧げたい。

高島　鎮雄

浅井貞彦（あさい・さだひこ）
昭和９年（1934）、静岡市生まれ。
昭和28年、県立静岡高等学校卒業後、金融機関（現・三井住友銀行）に就職。
定年後は66歳まで練馬区医師会医療検診センターの事務長を務める。
昭和24年、中学２年で写真に興味を持ち、自動車の写真を撮りはじめて以来、ひとすじに自動車を撮り続けているアマチュア・カメラマン。昭和27年ライカタイプの「キヤノンⅢ型」を手はじめに、ニコンタイプの「コンタックスⅡa」などを使用するも、昭和32年、わが国ではじめて発売されたペンタプリズム式一眼レフ「アサヒペンタックスAP型」に出逢い、その機能性が気に入ってからは、機種は変わってもメイン・カメラはずっと一眼レフを使用している。
写真については独学で研究を重ね、撮影技術だけでなく機材や暗室処理にも関心を持ち、昭和28年１月には戦後初の国産カラーフィルム「さくら天然フィルム」（リバーサル）による作品も残している。昭和36年には市販のコダックのキットを使ってカラーフィルムの現像を試みる他、昭和39年には８ミリ映画フィルムの反転現像も自宅で成功させている。
今回の写真集は約15,000余コマのカラー・モノクロフィルムからのものだが、最近は海外での撮影が主で、カラーによるアルファロメオ、フェラーリ、ポルシェ、ブガッティなどの集大成もかなり進んでいる。三樹書房のウェブ・サイトで「街角のクルマたち AtoZ」を連載。著書に浅井貞彦写真集『60年代　街角で見たクルマたち【ヨーロッパ車編】』、第２弾として『同【アメリカ車編】』、『ダットサン　歴代のモデルたちとその記録』（いずれも三樹書房）がある。

60年代 街角で見たクルマたち【日本車・珍車編】

著　者　浅井貞彦
監修者　高島鎮雄
発行者　小林謙一
発行所　三樹書房
東京都千代田区神田神保町1-30　〒101-0051
電 話　03（3295）5398
FAX　03（3291）4418
振 替　00100-3-60526
URL https://www.mikipress.com
印　刷　モリモト印刷